D1673773

Mathias Hein
Marie-Christine Billo
(Hrsg.)

Routing *light*

Mathias Hein – Marie-Christine Billo
(Hrsg.)

Routing *light*

Die Deutsche Bibliothek – CIP-Einheitsaufnahme

Mathias Hein/Marie-Christine Billo (Hrsg.)

Routing *light*
1. Aufl. – Köln: FOSSIL-Verlag 1997
(Fossil Edition Netze)
ISBN 3-931959-07-4

LVK DM 49,50

© 1997 by
FOSSIL-Verlag GmbH
Hartwichstraße 101
D-50733 Köln
Telefon +49(0)221 72 62 96
Telefax +49(0)221 72 60 67
ISDN +49(0)221 972 71 67

Die Informationen in diesem Buch wurden mit größtmöglicher Sorgfalt erarbeitet. Verlag, Herausgeber und Redaktion übernehmen jedoch keine juristische Verantwortung oder irgendeine Haftung für evtl. verbliebene fehlerhafte Angaben und deren Folgen.

Alle Rechte, auch die der Übersetzung, vorbehalten. Kein Teil des Werkes darf in irgendeiner Form (Druck, Fotokopie, Mikrofilm oder andere Verfahren) ohne schriftliche Genehmigung reproduziert oder unter Verwendung elektronischer Systeme verarbeitet, vervielfältigt oder verbreitet werden. Alle Warennamen werden ohne Gewährleistung der freien Verwendbarkeit benutzt und sind möglicherweise eingetragene Warenzeichen.

Vorwort

Im Markt gelten Router-Technologien und -konzepte inzwischen als veraltet. Dies liegt nicht zuletzt daran, daß zahlreiche Netzwerkhersteller versuchen, Switching-Komponenten beim Auf- oder Ausbau von Netzwerken als „die" Lösung der Zukunft darzustellen. Warum also ein Buch mit dem Titel „Routing *light*"?

Diese Frage beantwortet sich durch eine Betrachtung der aktuellen Situation in Unternehmen fast von selbst. Um ihre Wettbewerbsfähigkeit zu steigern, müssen diese die Produktivität ihrer Mitarbeiter erhöhen. Dieses Ziel ist nur durch den Einsatz von Netzwerken, dem Aufbau von Intranets sowie lokalen Workgroups, der Einführung von Browser-Technologien und der Nutzung der Internet-Ressourcen, zu erreichen. Die Anwender können auf diesem Weg leicht auf unternehmensinterne Informationen zugreifen, die für ihre Arbeit notwendig sind. Allerdings führt die Einführung und zunehmende Nutzung der neuen Techniken auch zu einem Anstieg des Datenvolumens und zu sich ständig ändernden, nicht mehr vorhersagbaren Verkehrsmustern. Zudem werden die Subnetz-Grenzen permanent überschritten.

Mit dem Einsatz von Switch-Komponenten kann der neuen Situation nicht begegnet werden. Der Datentransport und die Entscheidung, wohin die Daten vermittelt werden sollen, erfolgt bei diesen Komponenten ausschließlich auf der Schicht 2. Der Verkehr zwischen den Subnetzen muß jedoch auf der Schicht 3 weitergeleitet werden. Router (sprich „Ruuter" im englischen und „Rauter" im US-amerikanischen) arbeiten als einzige Systeme auf der Schicht 3. Daher sind diese Komponenten nach wie vor für den Auf- und Ausbau eines Netzwerks unabdingbar. Zudem ist die Anbindung von WAN-Diensten an lokale Netze nur über die Implementierung von Routern realisierbar.

Diese Erkenntnisse – und die Feststellung, daß kaum Fachliteratur zu finden ist, die das Thema Routing komprimiert behandelt – führten zu der Arbeit an dem vorliegenden Buch. „Routing *light*" richtet sich an Leser, die einen schnellen und verständlichen Einstieg in die Welt der Router suchen und sich einen Überblick über die Funktionen, Aufgaben und Einsatzmöglichkeiten dieser Komponenten verschaffen möchten. Wir freuen uns, damit die praxisorientierte „*light*"-Reihe fortführen zu können, in deren Rahmen bereits der Band „TCP/IP *light*" vorliegt.

Marie-Christine Billo

1 Einführung in Datennetze 13

1.1 Übertragungssysteme 14
    Basisbandübertragung 14
    Synchrones Zeitmultiplexing (STD) 14
    Asynchrones Zeitmultiplexing (ATD) 14
    Breitbandübertragung 15
1.2 Vermittlungstechniken 16
    Circuit Switching 17
    Packet Switching 17
    Cell Switching 18
1.3 Netzwerkstrukturen und Netzwerktopologien 18
1.4 Klassifizierung der Netzwerke 19
    Global Area Network (GAN) – Das globale Netz 19
    Wide Area Network (WAN) – Das Weitverkehrsnetz 19
    Metropolitan Area Network (MAN) – Das Stadtnetz 20
    Local Area Network (LAN) – Das lokale Netz 20
1.5 Netzwerkstrukturen 20
    Busstruktur 21
    Ringstruktur 22
    Sternstruktur 23
    Baumstruktur 24
    Voll vermaschte Netzwerkstruktur 24
    Unregelmäßige Strukturen 25
1.6 Aufteilung der Netzwerke 26
1.7 Anforderungen an die Netzwerke der Zukunft 27
1.8 Das OSI-Referenzmodell 29
    Schicht 1 30
    Schicht 2 30
    Schicht 3 31
    Schicht 4 32
    Höhere Schichten 32

2 Router 33

2.1 Funktionsweise eines Routers 33
    Fragmentierung 36
2.2 Einsatzgebiete von Routern 37

	Abschottung von Broadcasts	38
	Vergrößerung des Adreßraumes	38
	Segmentierung des Adreßraumes	38
	Anbindung von WAN-Diensten	38
	Unternehmenspolitische Gründe	38
2.3	Aufbau von Routern	39
	Lokale Router	39
	Remote Router	39
	Hot Standby	40
	Aktive parallele Verbindungen	40
2.4	LAN-Schnittstellen	41
	Prozeßmodul	43
	WAN-Modul	43
	Filter	44
	Durchsatz	44
	Administration/Netzwerkmanagement	45
2.5	Routing-Verfahren	45
	Routing in vermaschten Netzwerken	45
	Statisches Routing	46
	Default-Routing	47
	Dynamisches Routing	48
2.6	Routing in vermaschten Netzwerken	50
	Distance Vector Routing	50
	Split Horizon	50
	Triggered Updates	51
	Link State Routing	51

3 Routing-Protokolle 53

	Robustheit	53
	Korrektheit	53
	Fairneß	53
	Optimales Routing	53
3.1	Routing-Algorithmen	53
	Flooding	54
	Shortest Path First Routing	54
	Multipath Routing	54
	Zentralisiertes Routing	54
	Isoliertes Routing	55
	Hierarchisches Routing	55
	Verteiltes Routing	55

3.2	Internetworking	56
3.3	Routing Information Protocol (RIP)	57
	RIP-Funktion	57
	RIP im Betrieb	60
	Convergence	60
	Kaskadierungstiefe	60
	Leitungskapazitäten	60
	Poll-Mechanismus	61
3.4	Open Shortest Path First (OSPF)	62
	Routing-Kosten	62
	Service Routing	62
	Load Balancing	63
	Network Partitions	63
	Routing Updates	63
	Virtuelle Netzwerktopologie	63
	Interne Router	64
	Designierte Router	64
	Area Border Router	64
	Autonomous System Boundary Router	64
	OSPF Authentification	65
3.5	Exterior Gateway-Protokolle	67
3.6	Exterior Gateway Protocol (EGP)	67
	Nachbar-Akquisition (Neighbor Acquisition)	68
	Test aller bekannten Nachbarn	68
	(Neighbor Reachability Monitoring)	
	Kontinuierliche Aktualisierung aller Routing-Informationen	68
	Acquisition Message	68
	Neighbor Rechability Message	69
3.7	Border Gateway Protocol (BGP)	69
	BGP im Betrieb	70
	Open Message Format	71
	Update-Meldungen	71
	Notification-Meldung	72
3.8	Frame Relay-Technik im WAN	72
3.9	Kombinierte Router/WAN Switches	76

4 Remote Access 77

	Remote Control	79
	Terminal-Emulation	79
	Remote Access Server	80

	LAN-LAN-Router	81
	LAN Modems	82
	Remote Network Server	83
4.1	Dial-up-ISDN	84
4.2	Anforderungen an Remote Access-Lösungen	87
	Ende-zu-Ende-Lösungen	89
	Universeller Zugriff	89
	Einheitliche Managementplattformen	90
4.3	Wahlverfahren für Access-Router	90
	Dial-on-Demand	92
	TCP/IP-Protokolle	93
	Novell NetWare-Protokolle	93
	NetBIOS-Protokolle	94
	AppleTalk-Protokolle	94
	Spoofing Updates	95
	Timer	95
	Triggered RIP und SAP	95
	Piggy-Back	97
	Dial Backup	97
	Bandwith-on-Demand	98
4.4	Das Serial Line Interface Protocol (SLIP)	99
4.5	Das Point-to-Point Protocol (PPP)	100
	Data Encapsulation	101
	Das LCP-Datenformat	104
	Das IPCP-Datenformat	106
	Ausblick	108
4.6	Bandbreitenmanagement	108
	Verkehrsmanagement	109
	Routing-Filter	109
	Bridge-Filter	109
	Warteschleifen	110
	FIFO Queuing	110
	Kompression	114
4.7	Sicherheit im Remote Access-Netzwerk	117
	Das RADIUS-System	118
	Vorteile des ISDN	119
	Session Reservation	120
	Outgoing Call Management	121
	Quality-of-Services	121
	Optimierte Bandbreitenkontrolle	121
	Abgestufte Dienste	122

	Session Control	123
	Mobile Benutzer	123
	Call Accounting	123
4.8	Paketfilter im praktischen Einsatz	124
4.9	Datenfilter im Einsatz	125
	Token-Ring-Filter	125
	NetBIOS-Filter	128
	SNA-Filter	130
	IPX-Filter	131

5 Die höheren Protokolle 135

	Verbindungslose Protokolle	136
	Verbindungsorientierte Protokolle	136
5.1	XNS-Protokolle	137
	Level-0-Protokolle	137
	Level-1-Protokolle	138
	Level-2-Protokolle	138
	Level-3-Protokolle	138
	Level-4-Protokolle	138
5.2	IPX/SPX-Protokolle	139
5.3	DECnet-Protokolle	139
	DECnet Phase 4	140
	DECnet Phase 5	141
5.4	TCP/IP-Protokolle	143
	TCP/IP-Standards	143
	Protokolle	144
	Network Access-Protokolle	144
	Internetwork-Protokolle (Schicht 3)	144
	Transportprotokolle (Schicht 4)	145
	Höhere Protokolle	145
5.5	OSI-Protokolle	145
	X.400	147
	File Transfer, Access and Management Protocol (FTAM)	148
	Directory Services (X.500)	148
	Virtual Terminal Service (VTS)	148
	Common Management Information Protocol / Common Management Information Service (CMIP/CMIS)	149

6 Management in gerouteten Systemen — 151

    Konfigurationsmanagement — 151
    Performance und Fehlermanagement — 152
    Accounting-Management — 153
    Security-Management — 153
    Tools zum Management von Router-Konfiguration — 154

7 Router oder Switches? — 158

1 Einführung in Datennetze

Die Netzwerk- und Rechnerkonzepte haben sich in den letzten Jahren erheblich verändert. In den achtziger Jahren setzten Unternehmen überwiegend hierarchische und zentralisierte Systemlösungen ein. Nach und nach wurden diese Architekturen durch viele voneinander unabhängige Geräte abgelöst, die über lokale Netzwerke (LANs) oder auch Wide Area Networks (WANs) verbunden wurden. Diese Entwicklung bedingte einen quantitativen und qualitativen Leistungszuwachs der EDV-Endgeräte. Schlagworte wie „Herstelleroffene Datennetze" – Open Systems Interconnection (OSI) – bezeichneten die neuen Kommunikationstechniken, die eine vernünftige Verwaltung großer Datenmengen und eine schnelle Verteilung der verfügbaren Informationen ermöglichten. Sowohl bei der Kommunikationssoftware als auch bei den Hardware-Komponenten für das Netzwerk entstanden herstellerunabhängige Lösungen, die der internationalen Normung Rechnung trugen. Verteilte Datennetze sind fester Bestandteil jedes Kommunikationskonzepts geworden. Sie ermöglichen die Integration von Großrechnern, Terminals und Personal Computern zu einem gemeinsamen Netzwerk, in dem Rechnerleistung und Daten von allen Endgeräten in Anspruch genommen werden können. Für den Benutzer spielt mittlerweile nur noch die Anwendung eine Rolle, unabhängig davon, auf welchem Transportverfahren das Netzwerk aufgebaut ist.

Schon die oberflächliche Betrachtung des gegenwärtigen Angebots an Netzwerken und deren Leistungsmerkmalen zeigt, wie vielfältig die gesamte Kommunikationsindustrie geworden ist. Jeder Hersteller bietet heute eine mehr oder weniger komplette Produktpalette an. Der Laie kann die Unterschiede zwischen den einzelnen Angeboten nur sehr schwer erkennen. Beim Thema „Netzwerke" werden immer noch zahlreiche Grundbegriffe und technisches Detailwissen vorausgesetzt. Bei der Entscheidung für die Einführung eines Netzwerk-Systems sind technische Kennwerte und deren Konsequenzen durchaus wichtig. Doch diese Kriterien reichen nicht aus, um eine angemessene Entscheidungsgrundlage zu erarbeiten. Die technischen Netzwerk-Ressourcen sind dazu da, die Arbeitsabläufe der Benutzer zu unterstützen und zu vereinfachen. Daher sollte der Betreiber eines Netzes vor der Entscheidung für ein System oder eine Systemkomponente einen strategischen Anforderungskatalog erarbeiten, der alle betrieblichen Belange und Aspekte berücksichtigt. Die Angebotsvielfalt erfordert, daß sich der Entscheider mit der Technik auseinandersetzt. Daher muß er sich in das Thema einarbeiten.

1.1 Übertragungssysteme

In der Diskussion um zukunftssichere Übertragungsmedien stellt sich die Frage, welche Übertragungsraten ein Netzwerk zukünftig bewältigen muß und welche Übertragungsprotokolle sich auf den Netzwerken durchsetzen werden. Die realisierbare Übertragungsrate auf einem Medium hängt vom eingesetzten Übertragungssystem ab. Dieses legt fest, ob das Medium für die Nachrichtenübertragung verfügbar ist und genutzt werden kann. Bei den Übertragungssystemen werden die Basisbandübertragung und die Breitbandübertragung unterschieden.

Basisbandübertragung

Bei der Basisbandübertragung wird ein einziger Übertragungskanal auf einem Übertragungsmedium genutzt. Die Bandbreite des Kanals unterscheidet sich je nach Übertragungsverfahren. Die Kanalkapazität ist entscheidend für die Anzahl der Informationen, die über einen Kanal übertragen werden können. Zu einem bestimmten Zeitpunkt kann sich nur eine einzige Nachricht auf dem Medium befinden. Will man mehrere Nachrichten über das gleiche Medium übertragen, muß man sie zeitlich versetzt versenden. Dieses Verfahren wird als Zeitmultiplexing bezeichnet und in das synchrone und asynchrone Multiplexing unterschieden.

Synchrones Zeitmultiplexing (STD)

Das synchrone Zeitmultiplexing definiert feste Übertragungsrahmen, die aus mehreren Zeitschlitzen fester Größe bestehen. Damit kann ein Übertragungskanal von verschiedenen Anwendern genutzt werden. Jedem wird ein bestimmter Zeitschlitz zugewiesen, während dessen er auf das Übertragungsmedium zugreifen kann. Ein Übertragungskanal ist somit durch die Position des Zeitschlitzes im Übertragungsrahmen spezifiziert. Der Zeitschlitz befindet sich relativ zum Übertragungsrahmen immer an der gleichen Stelle, daher die Bezeichnung „synchron".

Asynchrones Zeitmultiplexing (ATD)

Beim asynchronen Zeitmultiplexing wird die zu übertragende Information in Datenblöcke fester oder variabler Länge unterteilt. Diese werden asynchron über das Medium übermittelt, wobei jeder Datenblock eine Identifikationsnummer im Header enthält. Dieser identifiziert den Sendekanal, von dem die Nachricht stammt. Werden Datenpakete variabler Länge verwendet, wird dies Paketvermittlung (Packet Switching) genannt, werden Datenpakete fester Länge eingesetzt, wird dies als Zellenvermittlung (Cell Switching) bezeichnet.

Synchrones Zeit-Multiplexing (STD)

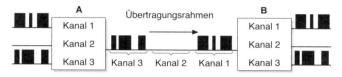

Asynchrones Zeit-Multiplexing (ATD)

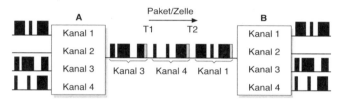

▯ Paket-Header (enthält Adreßinformationen)

T1, T2 Variabler Paket/Zellenabstand (lastabhängig)

Abbildung 1.1. Vergleich der Übertragungsverfahren

Breitbandübertragung

Die Breitbandübertragung ermöglicht die gleichzeitige Nutzung mehrerer Übertragungskanäle auf einem Medium. Durch den Aufbau mehrerer Kommunikationsverbindungen können langsame Endgeräte über das gleiche Hochleistungsmedium Nachrichtensignale übertragen und die Kanalkapazität besser nutzen. Die Multiplexverbindung kann auf verschiedene Arten erfolgen.

Beim Frequenzmultiplex (Frequency Division Multiplex/FDM) wird das Frequenzspektrum des Mediums in parallele Kanäle unterteilt, die alle eine spezifische Trägerfrequenz besitzen, auf die die zu übertragende Information aufmoduliert wird. Das Breitband entspricht mehreren Einzelleitungen, die die gleichzeitige Übertragung mehrerer Nachrichten erlauben. Wie Abbildung 1.2 zeigt, liegt in der Mitte jedes Frequenzbandes eine Trägerfrequenz, die durch Aufprägen der zu übertragenden Informationen verändert wird. Der Empfänger kann die Informationen durch Demodulation zurückgewinnen. Die Trägerfrequenz darf nur in dem Bereich verändert werden, der innerhalb des partiellen Frequenzbandes liegt, sonst würden die Informationen des benachbarten Kanals nicht beeinflußt.

Einführung in Datennetze

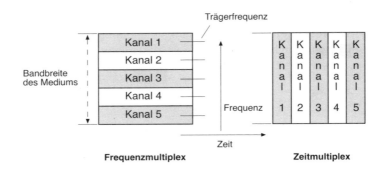

Abbildung 1.2. Nutzung des Übertragungsmediums bei Breitband- und Basisbandübertragung

Andere Modulationsverfahren sind die Amplituden-, Phasen- und Wellenlängenmodulation. Bei der Amplitudenmodulation wird die Amplitude des Trägers entsprechend dem Nachrichtensignal ausgelenkt, während bei der Frequenzmodulation die Trägerfrequenz um einen Ruhepunkt ausgelenkt wird. Das führt zu zwei Frequenzen. Bei der Phasenmodulation wird die Phase der Trägerfrequenz um einen Ruhepunkt (den Nullphasenwinkel) ausgelenkt, um die Information „0" oder „1" darzustellen. In optischen Übertragungsnetzwerken hat neben dem Zeitmultiplexverfahren das Wellenlängenmultiplexing große Bedeutung gewonnen. Die verschiedenen Übertragungskanäle werden durch die Aufteilung des Lichtsignals in Licht hoher und niedriger Modi (unterschiedliche Wellenlängen) realisiert.

1.2 Vermittlungstechniken

Die reinen Punkt-zu-Punkt-Verbindungen zwischen Sender (Datenquelle) und Empfänger (Datensenke) waren bis hierher Basis der Ausführungen. In der Praxis liegen zwischen Datenquelle und Datensenke weitere Stationen, über die eine Verbindung geschaltet wird. Die unterschiedlichen Vermittlungstechniken stellen die nötigen Verfahren zur Verfügung, um Kommunikationsverbindungen zwischen Sender und Empfänger herzustellen.

Prinzipiell kann eine Verbindung permanent oder temporär sein. Steht dem Benutzer eine Datenleitung auf unbegrenzte Zeit (permanent) zur Verfügung, wird diese als Standleitung bezeichnet. Eine Standleitung bietet eine feste Übertragungsbandbreite (9,6 KBit/s, 64 KBit/s, 2 MBit/s, 34 MBit/s), die durch intelligente Koppelelemente (beispielsweise Router) und durch ein dynamisches Bandbreitenmanagement von mehreren Teilnehmern genutzt werden kann. Nachteilig ist die beschränkte Vermittelbarkeit der Standleitungen. Verbreiteter sind Kommunikationsverbindungen, die dem Benutzer nur für einen begrenzten Zeitraum zur Verfügung stehen. Hier können verschiedene Verbindungstechniken, beispielsweise Circuit Switching, Packet Switching und Cell Switching, eingesetzt werden.

Circuit Switching

Beim Circuit Switching (Leitungsvermittlung) wird zu Beginn der Kommunikation eine direkte Verbindung zwischen Sender und Empfänger aufgebaut. In den Vermittlungsstellen werden die benötigten Ressourcen zur exklusiven Nutzung der Kommunikationsverbindung reserviert. Die Information kann in beliebiger Form (beispielsweise Sprache beim Telefon) übertragen werden. Bei verbindungsorientierten Übertragungsverfahren, beispielsweise X.25, werden Mechanismen zur Fehlerkontrolle und zur Sende- beziehungsweise Empfangsbestätigung implementiert, die gegebenenfalls die Verbindung auflösen, wiederherstellen oder das wiederholte Senden von Datenpaketen initiieren. Vorteilhaft bei diesen Verfahren sind die geringen Verzögerungszeiten bei der Übertragung, die lediglich durch die Signallaufzeit bestimmt werden. Alle Datenpakete kommen in der Reihenfolge beim Empfänger an, in der sie versendet wurden. Nachteilig sind der hohe Zeitaufwand beim Verbindungsauf- und -abbau und die mangelhafte Ausnutzung der Leitungskapazität. Bei der Informationsübertragung bestehen häufig hohe (bei Sprache circa zwei Drittel) Leerzeiten, die andere Teilnehmer nicht nutzen können. Durch Reservierungen in den Vermittlungsstellen wird das Netzwerk bereits bei wenigen Verbindungen stark belastet. Durch das Multiplexverfahren ist die Leitungskapazität einer Standleitung besser auszunutzen.

Packet Switching

Den Nachteilen einer permanenten Festverbindung begegnet das Packet Switching. Jeder Teilnehmer hat nur das Anrecht auf Mitbenutzung der Ressourcen in den Vermittlungsstellen. Bei dieser verbindungslosen Kommunikation gibt der Teilnehmer seine zu übertragende Nachricht als Datenpaket variabler Länge auf das Netzwerk, über das es nach dem Store-and-Forward-Prinzip zum gewünschten Empfänger geleitet wird. Er erhält keine Empfangsbestätigung vom Empfänger. Jedes Datenpaket muß Angaben über seine Quell- und Zieladresse und seinen Laufpfad (Weg) enthalten. Diese Informationen werden bei der Zwischenspeicherung in den Vermittlungsknoten ausgewertet, um das Datenpaket an die nächste Station weiterleiten zu können. Dabei kann sich die ursprüngliche Sendereihenfolge der Datenpakete ändern. Durch den geringeren Verwaltungsaufwand sind deutlich höhere Durchsatzraten als bei der verbindungsorientierten Kommunikation zu erzielen. Vorteilhaft ist auch der Wegfall des Verbindungsaufbaus (mit Ausnahme der virtuellen Verbindungen) im Rahmen des vereinbarten Übertragungsprotokolls, die verbesserte Ausfallsicherheit und die günstigere Lastverteilung durch die freie Wegewahl, die die Nutzung von Alternativrouten erlaubt. Allerdings müssen in den Vermittlungsstellen geeignete Ressourcen vorhanden sein, mit denen die Vermittlungsleistung erbracht werden kann. Hierzu zählen große Pufferspeicher zur Zwischenspeicherung der Datenpakete und eine angemessene Verarbeitungsintelligenz, die für den Aufbau virtueller Verbindungen benötigt wird. Die Laufzeit der Datenpakete ist nur schwer zu kalkulieren, da die Datenpakete unterschiedlich lang sein können und längere Datenpakete bevorzugt übertragen werden.

Cell Switching

Um die Laufzeitunterschiede des Packet Switching zu bereinigen, ist beim Cell Switching die Länge der Datenpakete begrenzt. Eine zu übertragende Nachricht wird in mehrere Datenpakete gleicher, relativ kurzer Länge gesplittet. Voneinander unabhängige, analog zum Packet Switching-Verfahren übertragene Datenpakete werden als Zellen bezeichnet. Beim Packet Switching wird eine vollständige Nachricht in einem Datenpaket verschickt. Das Problem beim Cell Switching ist die Aufteilung einer Nachricht in mehrere Zellen. Überholen sich Zellen auf dem Übertragungsweg, kann die Nachricht durcheinandergeraten. Mittels Sequencing kann dies vermieden werden. Bei ungewollter Duplizierung von Zellen oder bei Zellverlust kann die Nachricht beim Empfänger häufig nicht wiederhergestellt werden. Um beispielsweise ein Reassembly Deadlock (Blockierung der Pufferspeicher in der Vermittlungsstelle durch unvollständige Nachrichten) zu verhindern, müssen Verfahrensweisen vorgesehen sein. Im Vergleich zum Packet Switching-Verfahren benötigt das Cell Switching-Verfahren weniger Pufferspeicher.

1.3 Netzwerkstrukturen und Netzwerktopologien

Der Wert von Informationen ist auch dadurch bestimmt, daß sie termingerecht zur Verfügung stehen, d.h. daß die Daten rechtzeitig am richtigen Ort verfügbar sind. Gerade innerhalb von Wirtschaftsunternehmen hat die Verfügbarkeit von Informationen erhebliche Relevanz. Die physikalische Distribution von Informationen über Speichermedien (Disketten, Magnetbänder etc.) ist im Unternehmensbereich nicht tragbar. Hier werden Datenträger benötigt, die elektronisch vorgehaltene Informationsquellen und Anwender direkt, dauerhaft und flächendeckend verbinden. Zudem muß die Verteilgeschwindigkeit den Informationsstrom effektiv bewältigen. Eine optimale Informationsverwaltung ist nur auf Basis eines flächendeckenden, schnellen und einfach zu handhabenden unternehmensweiten Netzwerkes zu realisieren.

1.4 Klassifizierung der Netzwerke

Ein Rechnernetzwerk setzt sich aus zahlreichen Hard- und Software-Komponenten zusammen, die den Informationsaustausch ermöglichen. Ein Netzwerk sollte als ein räumlich verteiltes System von Rechnern, Steuereinheiten und Peripheriegeräten verstanden werden, die durch Datenübertragungseinrichtungen und -wege miteinander verbunden sind. Die modernen Datennetzwerke entwickelten sich aus den Großrechnerarchitekturen, bei denen mehrere „dumme" Peripheriegeräte an einen Zentralrechner angeschlossen waren. Die Entwicklung der PC-Technologie veränderte diese Terminal-Landschaft drastisch. Heute ist der PC das universelle Endgerät, das für jedes Einsatzgebiet individuell eingerichtet werden kann.

Prinzipiell sind – je nach geografischer Ausbreitung und Verwendungszweck – vier Kategorien von Datennetzen zu unterscheiden:

- GAN – Global Area Network
- WAN – Wide Area Network
- MAN – Metropolitan Area Network
- LAN – Local Area Network

Global Area Network (GAN) – Das globale Netz

Durch Nutzung von Satelliten unterliegt das GAN keinen räumlichen Beschränkungen und verbindet Rechner auf mehreren Kontinenten miteinander. Es dient der Übertragung von Daten, Sprache, Text und Bildern. Die Zeitverzögerung einer solchen Übertragungsform ist relativ hoch. Die Übertragungsrate liegt bei etwa 2 MBit/s. Eine Satellitenstrecke, die mit sehr leistungsfähigen Funksignalen arbeitet, verfügt über ausgeprägte Fehlererkennungs- und -korrekturmechanismen. GANs arbeiten in der Regel mit regionalen WANs zusammen.

Wide Area Network (WAN) – Das Weitverkehrsnetz

Ein WAN erstreckt sich über sehr große Gebiete und verbindet lokale und städtische Netze innerhalb eines Landes beziehungsweise eines Kontinentes miteinander. Grundsätzlich ist ein WAN ein paketvermittelndes Teilstreckennetz: Die Knoten des Netzwerks sind untereinander durch Leitungen verbunden. WANs setzen auf den vorgegebenen Infrastrukturen der nationalen Telekommunikationsgesellschaften auf (zum Beispiel den Telefonleitungen). Durch Nutzung verschiedener Übertragungsdienste, beispielsweise X.25 oder ISDN, werden Daten, Text, Sprache und Bilder übertragen. Die Datenrate liegt hier gewöhnlich zwischen 64 KBit/s und 2 MBit/s. Im Paketvermittlungsbereich für Hochgeschwindigkeits-WANs werden heute die Zugangsprotokolle Frame Relay (für reine Datennetze) und SMDS (für integrierte Netze) genutzt. Die hohen Anforderungen, die Multimedia-Anwendungen an die Netzwerke stellen, können mit ATM (Asynchronous Transfer Mode) erfüllt werden.

Metropolitan Area Network (MAN) – Das Stadtnetz

Ein MAN deckt maximal das Areal einer Stadt ab; meist bleibt es auf größere Unternehmensgelände beziehungsweise deren Verbindung beschränkt. Die maximale Ausdehnung eines MANs beträgt etwa hundert Kilometer. MANs wurden entwickelt, um den Hochgeschwindigkeitsverkehr zwischen lokalen Netzwerken (Local Area Network/LAN) zu ermöglichen, der von den WANs nur unzureichend unterstützt wurde. Die Übertragungsgeschwindigkeit liegt bei hundert und mehr MBit/s. Die genormten Übertragungsdienste für MANs sind FDDI (Fiber Distributed Data Interface) und ATM (Asynchronous Transfer Mode). MANs können öffentlicher oder privater Natur sein. Die verwendeten Technologien und Übertragungsmedien stimmen weitgehend mit denen der LANs überein.

Local Area Network (LAN) – Das lokale Netz

Ein LAN erstreckt sich über die relativ kleine Fläche einzelner oder mehrerer Gebäude. Es ermöglicht, unter Anwendung eines Hochleistungskommunikationsmediums, den partnerschaftlich orientierten Hochleistungsinformationstransfer auf begrenztem Raum. Durch die geringen Entfernungen (zwischen einem Meter und wenigen Kilometern) und die hohe Zuverlässigkeit der eingesetzten Komponenten sind Übertragungsfehler sehr selten. Dies macht es möglich, entsprechend optimierte Netzwerkprotokolle einzusetzen. Die Übertragungsraten liegen bei etwa vier bis hundert MBit/s, sie können aber bis in den Gigabit-Bereich reichen.

Die klassischen Netzwerkprotokolle sind das CSMA/CD (IEEE 802.3), Token-Ring (IEEE 802.5), FDDI und ATM.

1.5 Netzwerkstrukturen

Bei Datennetzwerken sind Grundstrukturen zu unterscheiden:

- Bus
- Ring
- Stern
- Baum
- voll vermaschtes Netzwerk
- unregelmäßige Strukturen

Netzwerkstrukturen

Busstruktur

Die Busstruktur ist die einfachste Form eines Netzwerks. Alle Stationen sind an ein gemeinsames, durchgehendes Übertragungsmedium linear angeschlossen. Die Nachrichtenvermittlung erfolgt bidirektional, direkt vom Sender zum Empfänger. So kann jede Nachricht ihre Adressaten ohne Aktionen der unbeteiligten Netzwerkstationen erreichen. Dieser Netzwerktyp wird auch als Diffusionsnetzwerk bezeichnet. Da nicht mehrere Nachrichten gleichzeitig über das gemeinsame Kommunikationsmedium übertragbar sind, müssen sich die Stationen den Zugang zum Übertragungsmedium teilen. Während des Übertragungsvorgangs verhalten sich die unbeteiligten Stationen passiv, sie haben weder Sende- noch Empfangsfunktionen. Fällt eine passive Station aus, tangiert dies die Kommunikation der aktiven Stationen nicht. Lediglich die gestörte Station, oder die an diese angeschlossenen Endgeräte, ist nicht mehr erreichbar. Vorteilhaft an der Busstruktur ist, daß sie sehr leicht zu erweitern ist: Stationen können während des Netzwerkbetriebs hinzugefügt oder entfernt werden. Die Busstruktur ist leicht zu implementieren und weist eine hohe Modularität auf. Zudem ist der Verkabelungsaufwand gering.

Der gravierende Nachteil der Busstruktur ist ihre Anfälligkeit gegenüber einem Ausfall des Übertragungsmediums. Bei einer Separierung in Teilnetze (zum Beispiel durch einen Kabelbruch) bleiben die Teilnetze im Störungsfall in der Regel funktionsfähig, auch wenn die Erreichbarkeit der Teilnehmer problematischer wird. Je nach eingesetztem Datenübertragungsprotokoll kann es bei einem hohen Datenaufkommen zu Stabilitätsproblemen und schlechtem Antwortzeitverhalten kommen. Der Bus ist auch nicht abhörsicher: alle Stationen können immer mithören. Da die Nachrichten im Rundfunkverfahren (Broadcast Transmission) an alle angeschlossenen Stationen gesendet werden, müssen sie immer die Gesamtlänge des Übertragungsmediums durchlaufen. Der Bus unterliegt dadurch einer Signallaufzeitbeschränkung. Deshalb ist die Anzahl der Teilnehmer und seine geografische Ausdehung – je nach Übertragungsmedium – beschränkt.

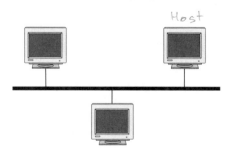

Abbildung 1.3. Physikalische Busstruktur

Ringstruktur

Bei einem Ringnetzwerk ist jede Station mit genau einem Vorgänger und einem Nachfolger direkt verbunden. Ähnlich wie bei Bussystemen wird auch hier ein gemeinsames Übertragungsmedium verwendet, über das die Nachrichten unidirektional von einer Station zur nächsten gesendet werden. Die Stationen sind aktiv: Sie entscheiden, ob die ankommende Nachricht für sie bestimmt und vom Ring zu nehmen ist, oder ob sie unverändert (bzw. nur verstärkt) oder verändert an die nachfolgende Station weitergeleitet wird. Meist übernimmt eine ausgewählte Station in besonderen Situationen Steuerungsaufgaben (Monitor). Bei der Ringstruktur befindet sich zu einem Zeitpunkt jeweils nur eine Nachricht auf dem Übertragungsmedium. Die Ringstruktur ist einfach zu erweitern, da nur Punkt-zu-Punkt-Verbindungen zwischen jeweils benachbarten Stationen zu bilden sind. Die „Umlaufzeit" des gesamten Ringes ist minimal, der Verkabelungsaufwand gering.

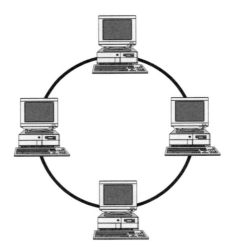

Abbildung 1.4. Physikalische Ringstruktur

Aber auch die Ringstruktur hat Nachteile. Durch die Möglichkeit der Broadcast-Übermittlung von Nachrichten kann bei dieser Struktur nicht kontrolliert werden, ob unerlaubt auf die übertragene Information zugegriffen wird. Da Nachrichten unidirektional von Station zu Station weitergegeben werden, führt der Ausfall einer Station zum Zusammenbruch des gesamten Netzwerks. Dieser Fall tritt auch ein, wenn das Übertragungsmedium ausfällt. Die Ausfallsicherheit des Netzwerks kann durch die Verlegung von Sekundär- oder Tertiärleitungen gesteigert werden, die jede Station nicht nur mit ihrer unmittelbar folgenden Station, sondern auch mit der übernächsten Station verbinden. Tritt eine Störung auf, schaltet die letzte funktionierende Station um und umgeht ihre defekte Nachfolgestation. Ein weiterer Nachteil liegt darin, daß die Übertragungsdauer der Nachrichten proportional zur Anzahl der angeschlossenen Stationen ist.

Sternstruktur

Bei der Sternstruktur ist jede Station mit einer zentralen Vermittlungsstation verbunden, die die Nachrichten gemäß ihrer Zieladresse an den Empfänger weiterleitet. Bei jedem Übertragungsvorgang ist also die zentrale Vermittlungsstation einzuschalten. Die Zugriffsrechte der Stationen können über verschiedene Verfahren verwaltet werden.

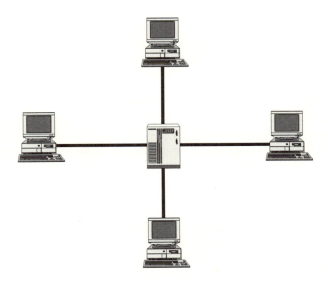

Abbildung 1.5. Physikalische Sternstruktur

Beim „Polling" befragt die zentrale Vermittlungsstation alle angeschlossenen Endgeräte nacheinander nach ihren Übertragungswünschen. Die Abfragefolge bestimmt die Verteilung der Senderechte. Bei einer anderen Methode senden alle sendewilligen Stationen ihre Anforderungen an die Vermittlungsstation und warten anschließend auf die Übertragungserlaubnis. Bei dieser Methode muß die zentrale Vermittlungsstation über ausreichend Pufferkapazitäten zum Ausgleich von Überlastsituationen verfügen. Die Erreichbarkeit im Netzwerk, dessen Güte sich in der Höhe von Wahlverlusten, Wartezeiten und der Anzahl der Netzwerkblockierungen ausdrückt, wird somit von der Zuverlässigkeit und Leistungsfähigkeit der zentralen Vermittlungseinrichtung bestimmt und nicht von der Kapazität der Übertragungsmedien. Die Vorteile der Sternstruktur sind die relativ einfache und kostengünstige zentrale Netzwerksteuerung, -kontrolle und -wartung und die leicht erweiterbare Struktur, die nur einen geringen Zuwachs an Leitungen erfordert. Der Ausfall einer Leitung oder einer Station beeinträchtigt nicht das Gesamtsystem. Die Abhängigkeit aller Endgeräte von der zentralen Vermittlungseinrichtung ist allerdings ein gravierender Nachteil der Sternstruktur. Fällt sie aus, ist keine Datenübertragung mehr möglich, das Gesamtsystem bricht zusammen. Bei großen Netzwerken ist mit hohen Kosten für die Zentrale zu rechnen und die zentralistische Protokollstruktur widerspricht dem Gedanken der dezentralen Verarbeitung.

Baumstruktur

Die Baumstruktur kann mit oder ohne zentrale Vermittlungsstation aufgebaut werden. Die Abbildung 1.6 zeigt die Struktur, die sich durch den Einsatz von zentralen Teilvermittlern ergibt. An die Teilvermittler können weitere Stationen angeschlossen werden. Die Kommunikation zwischen zwei Stationen erfolgt immer über die hierarchisch höherliegende Vermittlungsstation bis zu der beiden Unterbäumen gemeinsamen höchsten Station. Die Netzwerksteuerung ist auf die hierarchisch übergeordneten Vermittler verteilt. Dementsprechend wirkt sich der Ausfall einer Station auf alle untergeordneten Stationen aus. Ein Zerfall des Netzwerks in zwei Teilnetze ist möglich. Vorteilhaft ist das einfache Hinzufügen weiterer Stationen oder Teilnetzwerke an die Vermittungsstation und das einfache Routing. Wird die Baumstruktur ohne Vermittlungsstation aufgebaut, entspricht sie – ebenso wie die Busstruktur – einem Diffusionsnetzwerk. Die Vor- und Nachteile – Modularität, Ausfallsicherheit, Konflikte, Stabilitätsprobleme und mangelnde Abhörsicherheit – sind ebenfalls vergleichbar.

Voll vermaschte Netzwerkstruktur

Bei dieser physikalischen Struktur ist jede Netzstation über eine eigene Leitung mit jeder anderen Station unmittelbar verbunden. Die Leitungsanzahl wächst quadratisch mit der Stationenanzahl, so daß der Verkabelungsaufwand bei dieser Variante extrem hoch ist. Der Nachrichtenaustausch erfolgt entweder einfach über die direkte Verbindung oder indirekt (mittels eines Routing-Algorithmus) über Alternativrouten. Vorteilhaft bei dieser Struktur ist die Ausfallsicherheit und die hohe maximal mögliche Verkehrsrate. Problematisch ist der hohe Aufwand für den Aufbau der großen Zahl von Verbindungen.

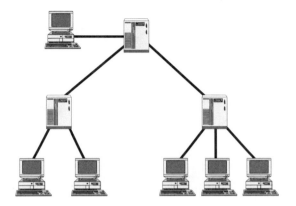

Abbildung 1.6. Physikalische Baumstruktur mit Teilvermittlern

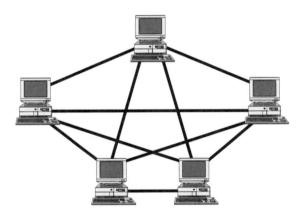

Abbildung 1.7. Physikalisch voll vermaschte Netzwerkstruktur

Unregelmäßige Strukturen

Unregelmäßige Strukturen sind in Weitverkehrsnetzwerken oder in Netzwerken üblich, die Rechner über weite Entfernungen verbinden. Eine eindeutige Verbindungstechnik wird nicht verwendet. Dies kann daran liegen, daß die Zuständigkeit für das Netzwerk auf mehrere private und/oder öffentliche Betreiber verteilt ist, oder verschiedene Umgebungen unterschiedliche Strukturen benötigen. In großen Netzwerken sind häufig verschiedene Protokollwelten anzutreffen. Diese müssen kompatibel sein und mittels geeigneter Routing-Algorithmen die Kommunikation zwischen den Stationen erlauben.

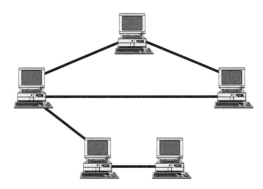

Abbildung 1.8. Physikalisch unregelmäßige Struktur

1.6 Aufteilung der Netzwerke

Beim Aufbau großer Netzwerke ist es infolge der physikalischen Spezifikationen sehr schwierig, mit einer Struktur alle erforderlichen Bereiche abzudecken. Bei modernen Netzwerken wird eine Einteilung in drei Kategorien vorgenommen:

- Workgroup
- Backbone
- WAN

Innerhalb einer Workgroup werden die einzelnen Endgeräte verbunden und unterschiedlichen Subnetzen zugeordnet. Ein Backbone verbindet Endgeräte innerhalb von Gebäuden eines Unternehmens (und zwischen diesen) zu einem einheitlichen Gesamtnetzwerk. Um das Datenaufkommen bewältigen zu können, ist eine leistungsfähige Hochgeschwindigkeitsübertragung notwendig. Im WAN werden verschiedene Backbones zu einem globalen Intranet gekoppelt. Dies gewährleistet in verteilten geografischen Netzwerkstrukturen einen einheitlichen Zugriff auf die Datenressourcen.

Die physikalische Netzwerkstruktur beschreibt die logischen Beziehungen der Stationen im Netzwerk und bildet die Basis der organisatorischen Struktur. Diese legt fest, welche Teile des Netzwerks administrativ zusammengehören. Hierbei gilt: Die organisatorische Struktur sollte von der physikalischen Netzwerkstruktur (Topologie) und der verwendeten Technologie unabhängig sein.

Änderungen kennzeichnen die Strukturen großer Unternehmen. Das läßt sich beispielsweise an den häufigen Umzügen von einzelnen Mitarbeitern und ganzen Abteilungen ablesen. Bringt jedoch jede organisatorische Veränderung des Unternehmens eine Änderung des Netzwerkes mit sich, dann wurden die Zielsetzungen einer universellen Netzwerkstruktur verfehlt. Die organisatorische Struktur ist von den Kommunikationsanforderungen der einzelnen Endanwender abhängig. Arbeiten zum Beispiel mehrere Mitarbeiter an einem gemeinsamen Projekt, so bilden sie eine organisatorische Einheit und erhalten einen gemeinsamen Adreßraum. Nur so kann dem hohen Kommunikationsbedarf der Gruppe Rechnung getragen werden.

Auch das Versenden von Broadcasts (wie bei Ethernet üblich) ist in großen Unternehmensnetzwerken ein Problem. Daher sollten Broadcasts auf die organisatorische Einheit beschränkt werden, zu der der Sender gehört. Dies reduziert das Verkehrsaufkommen im Gesamtnetzwerk. Weitere Möglichkeiten sind die Vergabe von Zugriffsrechten auf Daten oder getrennte Gebührenabrechnungen für organisatorisch eigenständige Kostenstellen. Die Strukturierung des Netzwerks wird mit Hilfe von Koppelelementen wie Bridges, Switches und Routern durchgeführt.

1.7 Anforderungen an die Netzwerke der Zukunft

Lokale Netze sind heute Basis und integraler Bestandteil der Unternehmenskommunikation. Deshalb ist es wichtig, bei der Planung und Installation von LANs die richtigen Entscheidungen zu treffen. Kostenintensive Modifikationen der Netzwerke werden damit von Anfang an ausgeschlossen. Netzwerke sollten so aufgebaut sein, daß sie benutzerfreundlich sind, eine hohe Verfügbarkeit der Kommunikationsverbindungen und kurze Antwortzeiten garantieren und den Zugriff auf verschiedene Netzwerkdienste ermöglichen. Außerdem sollten sie ausfallsicher und mit geringem Aufwand zu warten sein; sie sollten gewährleisten, daß vorhandene Systeme bei Änderungen weiter nutzbar sind. Es ist auch darauf zu achten, daß die Netzwerke flexibel ausgebaut werden können und zukunftssicher sind. Werden diese Aspekte beim Aufbau von Kommunikationsinfrastrukturen berücksichtigt, dann können die Netzwerke neuen Anforderungen unkompliziert angepaßt werden.

Bei der Planung eines flächendeckenden Netzwerks ist zunächst ein Gesamtkonzept zu erstellen, das unter anderem die geeignete Netzwerkarchitektur festlegt. Um sicherzustellen, daß das Netzwerk skalierbar ist, wird es in einen aktiven und einen passiven Teil differenziert. Dem passiven Teil, der Verkabelung, kommt bei der Konzeption eine größere Bedeutung zu als dem aktiven Teil, denn ein Austausch der Verkabelungsstruktur ist schwierig. Die Lebensdauer des passiven Teils muß daher höher sein als die Lebensdauer der aktiven Komponenten.

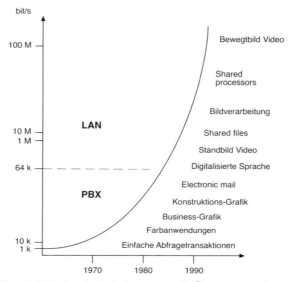

Abbildung 1.9. Wachsende Anforderungen an die Übertragungsraten

Der Zyklus, in dem neue EDV- und Kommunikationsprodukte auf den Markt kommen, wird immer kürzer. Die Weiterentwicklung der integrierten Schaltkreise auf Halbleiterbasis erhöht die Leistungsfähigkeit der Personal Computer und Workstations. Lag die Prozessorleistung Mitte der achtziger Jahre bei nur wenigen MIPs (Million Instructions per Second), so liegt sie inzwischen bei hundert MIPs. Ende des Jahrzehnts werden Arbeitsplatzrechner erwartet, die mehrere tausend MIPs ermöglichen. Aber nicht nur die Leistungsfähigkeit der Rechner nimmt ständig zu, auch die Anforderungen an die Speicherkapazität und die Kommunikationsfähigkeit der Arbeitsplatzrechner steigt permanent. Neue Anwendungen (Video Distribution, Computer Imaging, Bilddatenbanken, Multimedia-Konferenzen etc.) stellen hohe Anforderungen an das Netzwerk. Der Trend geht eindeutig in Richtung Hochgeschwindigkeitsnetzwerke (Highspeed Networks). Beim Einsatz von Multimedia-Anwendungen müssen die Systeme folgende Anforderungen erfüllen:

- Transport unterschiedlicher Dienste über ein Medium
- Unterstützung hoher Bandbreiten zum Transport großer Datenmengen
- Unterstützung von variablen Bandbreiten
- Zeittransparenz
- geringe Verlustraten
- geringe Verzögerungszeiten
- Unterstützung internationaler Standards

Die neu entwickelten Technologien lassen sich in reine (FDDI und Frame Relay) und integrierte Datennetze (Asynchronous Transfer Mode/ATM) kategorisieren. Letztere ermöglichen die Übertragung sowohl von Sprache als auch von Daten. Die ATM-Technik wird bei der Verbindung von lokalen Netzen im WAN-Bereich aber auch im LAN eine große Rolle spielen. Die steigende Anzahl der verfügbaren ATM-Produkte spiegelt diese Entwicklung wider.

1.8 Das OSI-Referenzmodell

In den sechziger und siebziger Jahren basierten Protokolle zur Datenübertragung in Netzwerken auf herstellerspezifischen (Systems Network Architecture/SNA, Digital Network Architecture/DNA) oder organisationsspezifischen (Department of Defense/DoD) Modellen. Bestimmten Netzwerkschichten in den abstrakten Modellen wurden unterschiedliche Dienste zugeordnet. Die Datenverarbeitung war zu dieser Zeit in der Regel hierarchisch und zentralisiert organisiert. Die Kommunikation erfolgte fast ausschließlich über Punkt-zu-Punkt-Verbindungen: vom Terminal zum Zentralrechner. Die Einführung von lokalen Netzwerken und verteilten Systemen eröffnete neue Kommunikationswege. Die internationale Standardisierungsbehörde ISO (International Standardization Organization) begann 1977 mit der Entwicklung von Architekturvorschriften, die eine Kommunikation zwischen den herstellerspezifischen Rechnersystemen ermöglichen sollten. Dieses Modell, das OSI-Referenzmodell (Open Systems Interconnection), sollte zur Realisierung einfacher Vorgänge – wie der Datenübertragung oder der Steuerung von Ein- und Ausgabegeräten – beitragen, unabhängig vom Rechnerbetriebssystem oder den eingesetzten Anwendungen.

Das OSI-Referenzmodell teilt die Funktionen und Dienste der Datenübertragung in sieben Schichten ein. Jede der Schichten hat einen definierten Aufgabenbereich, der der darüberliegenden Schicht als Dienst zur Verfügung gestellt wird (Ausnahme: Schicht 7). Jede Schicht verläßt sich wiederum auf die Dienste, die ihr die jeweils untere Schicht zur Verfügung stellt (Ausnahme: Schicht 1). Zwischen zwei Schichten wird über genau definierte Schnittstellen, die Service Access Points (SAPs), kommuniziert. Während der Datenstrom vertikal (also von Schicht 7 zu Schicht 1 und umgekehrt) verläuft, spielt sich die logische Kommunikation zwischen den gleichen Schichten zweier (oder mehrerer) Rechner am Netzwerk ab.

Die Kommunikation wird durch einen definierten Protokollsatz geregelt. Verfolgt man die Daten einer Anwendung auf ihrem Weg vom Sender zum Empfänger, zeigt sich, daß sie pro durchlaufener Schicht mit einem „Header" und einem „Trailer" versehen, also regelrecht „verpackt" werden. Diese zusätzlichen Daten enthalten Informationen, die der Fehlererkennung (Prüfsummen-Mechanismus) dienen, transportieren aber auch wichtige Steuerinformationen (zum Beispiel

Adressen oder SAPs). Diese zusätzlichen Daten haben nichts mit den eigentlichen Informationen des Senders zu tun, müssen aber auf die darunterliegenden Schichten weitergegeben, beziehungsweise auf dem physikalischen Medium, dem Kabel, übertragen werden.

Das zusätzliche Datenaufkommen (Overhead) hat einen nicht unerheblichen Einfluß auf den Datendurchsatz und die Performance des Netzwerks. Nicht nur das „Einpacken" und Übertragen der Daten, auch das – in umgekehrter Reihenfolge – erfolgende „Auspacken" beim Empfänger erfordert Zeit. Befinden sich auf der Übertragungsstrecke zwischen Sender und Empfänger weitere Netzwerkkomponenten (Gateways oder Router), die ein „Umpacken" der übertragenen Daten vornehmen müssen, kommt dem Overhead eines Protokolls verstärkte Bedeutung zu.

Schicht 1
Die unterste Schicht des OSI-Referenzmodells definiert das Übertragungsmedium und das physikalische Umfeld für die Datenübertragung. Daher wird sie als Bitübertragungsschicht, Physikalische Schicht oder Physical Layer bezeichnet. Hier erfolgt die eigentliche physikalische Übertragung der Daten in Form eines transparenten Bitstroms. Neben der Topologie und den Codierungs-/Modulationsverfahren sind auch die Zugriffsmechanismen auf dieser Schicht angesiedelt.

Auf der Bitübertragungsschicht arbeiten Komponenten, die die wesentlichen Übermittlungsdienste unterstützen. Hierzu zählen beispielsweise Modems, Transceiver, Repeater und Media Access Units. Repeater koppeln zwei LAN-Segmente auf der untersten Schicht miteinander. Dabei werden die empfangenen Signale beim Durchgang auf den Ausgang lediglich verstärkt und regeneriert. Repeater werden häufig zur Anpassung von Signalen an andere Übertragungsmedien (zum Beispiel Glasfaser oder Twisted Pair) eingesetzt.

Schicht 2
Die Schicht 2 wird als Sicherungsschicht oder Data Link Layer bezeichnet. Ihre Aufgabe ist es, die fehlerfreie Übertragung des physikalischen Bitstroms sicherzustellen. Hier wird der Bitstrom in Datenpakete unterteilt. Neben Fehlererkennung kann an dieser Stelle auch eine Flußkontrolle vorgenommen werden. Bei allen LAN-Standards ist die Sicherungsschicht in zwei Bereiche gegliedert. Auf der Schicht 2a, dem Medium Access Control (MAC) Layer, sind die wesentlichen Funktionen der IEEE-Standards 802.3 (CSMA/CD), 802.4 (Token Bus), 802.5 (Token-Ring), FDDI und ATM angesiedelt. Die Schicht 2b, der Logical Link Control (LLC) Layer, wird vornehmlich durch die im IEEE 802.2 festgelegten Standards gefüllt.

Auf der Schicht 2 arbeiten LAN-Bridges (Brücken), die der logischen, protokolltransparenten Verbindung von Netzwerken dienen. Bridges interpretieren die empfangenen Datenpakete und bestimmen anhand der in den Datenpaketen enthaltenen Informationen den Weg für den Weitertransport. Bridges können den rein lokalen Verkehr für andere Netzwerke blockieren. Mit diesen Komponenten können Filter – vorgegebene Bitmuster für exakt definierte Bitpositionen – konfiguriert werden. Stimmt das Bitmuster in einem Filter mit der Bitfolge eines Datenpakets überein, entscheidet die Bridge, ob dieses Datenpaket weitergeschickt oder verworfen werden muß.

Schicht 3
Die Vermittlungsschicht (Netzwerkschicht; Network Layer) stellt die Funktionen der Wegefindung (Routing) in vermaschten Netzwerken bereit. Mehrere Netzwerke können zu einem logischen Gesamtnetzwerk gekoppelt werden. Die Funktionen der Schicht 3 ermöglichen den Aufbau von logisch strukturierten, hierarchischen Netzwerken. Der bekannteste Schicht-3-Standard ist das X.25-Protokoll, das in paketvermittelnden Netzwerken eingesetzt wird. Im LAN-Bereich werden das Internet Protocol (IP), das Xerox Network System-Protokoll (XNS), das Novell NetWare-Protokoll (IPX), das DECnet-Protokoll und eine Reihe weiterer OSI-Protokolle verwendet.

Die auf der Schicht 3 eingesetzten Komponenten werden als Vermittlungsknoten, Gateways oder Router bezeichnet. Router zählen zu der Gruppe der Transitsysteme und arbeiten immer nur mit einem auf Schicht 3 angesiedelten Protokoll.

Router sind, im Gegensatz zu Bridges, in ihrer Funktions- und Arbeitsweise immer vom implementierten Protokoll abhängig. Ein IP-Router ist daher nicht für alle IP-Protokolle (XNS, IPX, DECnet und OSI) durchlässig. Ein Router packt auf der Schicht 3 jedes Datenpaket aus und verpackt es auf der anderen Netzseite wieder mit den netzspezifischen Protokollinformationen. Router eignen sich hervorragend zum Verbinden unterschiedlicher Netzwerkstrukturen (zum Beispiel Ethernet mit Token-Ring (802.5), X.25, FDDI oder ATM). Werden unterschiedliche Netzwerke und Netzwerkstrukturen miteinander verbunden, ist es möglich, daß ein Zielnetzwerk die Übertragung kleinerer Datenpakete als das sendende Netzwerk erlaubt. Bei einer Anbindung von Ethernet (1514 Byte) an X.25 (512 Byte), muß ein Router die großen Datenpakete des Ethernet in mehrere kleine X.25-gerechte Datenpakete aufteilen. Dieser Vorgang wird als Fragmentierung bezeichnet. Beim Empfänger wird aus den vielen kleinen Datenpaketen das Orginalpaket restauriert. Eine weitere wichtige Aufgabe von Routern ist die Wegefindung in vermaschten Netzwerken. Router senden bestimmte Steuerpakete (Routing Information-Datenpakete) aus, durch die sie die Wege zwischen den Netzwerken kennenlernen. So lassen sich auch redundante Strukturen leicht aufbauen.

Routing light

Schicht 4

Die Transportschicht (Transport Layer) leistet eine transparente Datenübertragung zwischen Endsystemen. Die Transportprotokolle der Schicht 4 bieten unterschiedliche Dienstklassen und -güten; unter anderem hinsichtlich der Fehlerkorrekturmöglichkeiten und Multiplexmechanismen. Zu unterscheiden ist zwischen verbindungsorientierten und verbindungslosen Protokollen. Während verbindungsorientierte Protokolle (zum Beispiel das TCP oder das ISO-Protokoll 8072/73) eine sichere Übertragung zwischen den beiden Endsystemen garantieren, gibt es bei anderen Protokollen (beispielsweise UDP) keine Überprüfung, ob ein Datenpaket korrekt beim Empfänger abgeliefert wurde. Die Schicht 4 gilt als oberste Netzwerk- beziehungsweise unterste Anwendungsschicht. Auf dieser Schicht arbeiten keine Komponenten.

Höhere Schichten

Die Schichten 5 bis 7 werden zusammen als die Anwendungsschichten bezeichnet. Schicht 5 (Kommunikationssteuerungsschicht; Session Layer) sorgt für die Prozeßkommunikation und das Umsetzen und Darstellen der Informationen, die zwischen zwei Systemen ausgetauscht werden. Das bekannteste Protokoll der Schicht 5 ist der Remote Procedure Call (RPC) des Network File System (NFS). Schicht 6 ((Daten)-Darstellungsschicht; Presentation Layer) codiert beziehungsweise decodiert die Daten für das jeweilige System. Bekanntester Vertreter der Schicht-6-Protokolle ist die Abstract Syntax Notation 1 (ASN.1). Auf Schicht 7 (Anwendungsschicht; Application Layer) werden zahlreiche anwendungsspezifische Protokolle bereitgestellt, unter anderem File Transfer (FTAM, FTP, TFTP), elektronische Post (X.400, MHS, SMTP), Name Services und Directory Services (X.500, Domain Name Service) oder virtuelle Terminals (VTS, TELNET, RLogin). Komponenten, die auf diesen Schichten arbeiten, werden als Gateways bezeichnet.

2 Router

Weltweit werden viele kleine, voneinander unabhängige Netzwerke eingesetzt, denen verschiedene Strukturen (Topologien) zugrunde liegen und die mit unterschiedlichen Protokollen arbeiten. Damit ein Datenaustausch zwischen diesen heterogenen Systemen möglich ist, müssen sie miteinander verbunden werden. Das Verbinden der voneinander unabhängigen Netzwerke bzw. der Teilnetze wird als Internetworking, das Resultat als Internetwork bezeichnet. Ein populäres Beispiel für ein globales Internetwork ist das Internet, das einige tausend Netzwerke zusammenschließt, an die wiederum Tausende von Rechnern angebunden sind. Die Kommunikation zwischen diesen unabhängigen Netzwerken wird erst durch den Einsatz von Routern möglich.

Rechnernetzwerke können auf verschiedenen Schichten miteinander verbunden werden. Die Schicht, auf der die Kopplung stattfindet, bestimmt, welche Hardware eingesetzt wird. Bei einer Kopplung auf der physikalischen Schicht (Physical Layer) sind Komponenten notwendig, die einzelne Bits auf den Leitungen zwischen zwei (oder mehr) Kabelsträngen kopieren. Diese Geräte werden als Repeater bezeichnet. Der Kopplung auf der Sicherungsschicht (Data Link Layer) dienen Bridges oder Switches. Diese Komponenten kopieren die Frames eines Teilnetzes in ein anderes Teilnetzwerk. Router verbinden unabhängige Netzwerke auf der Vermittlungsschicht (Network Layer) und haben damit eine Gateway-Funktion. Findet die Kopplung auf einer höheren Schicht statt, werden Protokollkonverter eingesetzt.

2.1 Die Funktionsweise eines Routers

Sendet ein Rechner (Endsystem; Host) ein Datenpaket an einen anderen Rechner, der sich nicht im gleichen Netzwerk befindet, schickt er es zunächst an einen Router, dessen Adresse beispielsweise im Rechnerbetriebssystem konfiguriert ist. Das Datenpaket wird allerdings nicht an die Netzwerkadresse, sondern direkt an die MAC-Adresse des Routers geschickt. Es enthält als logische Adresse die Adresse des Zielnetzwerks. Der Router sieht sich diese Zieladresse an und entscheidet dann, ob er das Datenpaket zustellen kann. Ist dies nicht möglich, generiert er eine Fehlermeldung und verwirft das Datenpaket. Kann er es zustellen, ändert er die physikalische (MAC)-Adresse des Datenpakets in die des nächsten Routers (oder Endsystems) und überträgt es. Die logische (Network Layer-)Adresse ändert sich durch diesen Vorgang nicht.

Es ist zwischen verbindungsorientierten und verbindungslosen Netzwerkdiensten zu unterscheiden. Verbindungsorientierte Dienste (zum Beispiel Datex-P) können unter anderem bei der Deutschen Telekom gemietet werden und basieren meist auf der Fast Packet Switching (FPS)-Technologie. Verbindungslose Netzwerkdienste basieren auf der Cell Relay-Technologie. Diese eignet sich für Hochgeschwindigkeitsleitungen (45 bis 600 MBit/s), beispielsweise den SMDS-Service in den USA, der ein 45 MBit/s-Backbone-Netzwerk zur Verfügung stellt. Bei beiden Dienstarten ist ein Router erforderlich. Dieser leitet die Datenpakete oder Datagramme in die richtige Richtung.

LANs arbeiten auf der Hardware-Ebene nach dem Broadcast-Verfahren. Alle Informationen werden über das ganze Netzwerk an alle Stationen übermittelt. Nur die Station, deren Hardware-Adresse angesprochen wird, wertet die Informationen aus. Dieser Mechanismus bewirkt, daß der Datenverkehr mit der Anzahl angeschlossener Stationen ansteigt. Das kann zur Überlastung des Netzwerks und bei den eingesetzten Anwendungen zu nicht mehr akzeptablen Antwortzeiten führen. Außerdem gibt es Restriktionen, die nur eine bestimmte Anzahl von Stationen innerhalb eines physikalischen Netzwerks zulassen. Beim Ethernet sind in einem Netzwerk 1024 Stationen, beim Token-Ring maximal 256 Stationen gestattet.

Mitte der achtziger Jahre reichte es noch aus, die Netzwerke segmentweise zu strukturieren und durch Repeater zu verbinden. Einige Jahre später wurden die physikalischen LANs durch Bridges in überschaubarere, kleinere Strukturen unterteilt. Als der Datenverkehr in den LANs Anfang der neunziger Jahre deutlich anstieg, wurden Router als Segmentierungselemente zwischen den LANs eingesetzt. So entstanden große flächendeckende LAN/WAN-Gebilde, die mit verschiedenen parallelen Protokollen betrieben werden.

Auf der Schicht 3 können mehrere Netzwerkabschnitte/Subnetze zu einem logischen Gesamtnetzwerk gekoppelt werden. Es ist Aufgabe dieser Schicht, die dafür notwendigen Adreßfunktionen und die Wegefindung (Routing) zwischen den Netzwerken bereitzustellen. So können logisch strukturierte, hierarchische Netzwerke aufgebaut werden. Bei allen Datennetzen (Ethernet, FDDI, Token-Ring, ATM) sind nur die unteren zwei Schichten (Physical Layer und Data Link Layer) im IEEE-Standard definiert. Ab Schicht 3 werden die Funktionen von höheren Protokollen, ihren Normen und Spezifikationen abgedeckt. Alle Komponenten, die auf der Schicht 3 und höher arbeiten, gehören zu den protokollspezifischen Systemen. Zu den bekanntesten Protokollen auf der Schicht 3 zählen: Das X.25- (Datex-P) Protokoll, das Internet Protocol (IP), das Xerox Network System (XNS), das Novell-NetWare- (IPX) und das DECnet-Protokoll. Geräte, die auf der

Schicht 3 arbeiten, müssen die spezifischen Protokolle verstehen können, um den Inhalt der empfangenen Daten angemessen zu interpretieren und gegebenenfalls zum Empfänger weiterleiten zu können.

Router arbeiten nur mit einem auf der Schicht 3 angesiedelten Protokoll. Unterstützt ein Router nur das Internet Protocol (IP), kann er keine anderen Protokolle (XNS oder DECnet) übermitteln. Ein Router „packt" jedes Datenpaket bis zur Schicht 3 aus. Anhand der enthaltenen Adreßinformationen wird das Datenpaket vermittelt. Daher eignen sich Router hervorragend zu Verbindung unterschiedlicher Netzwerkstrukturen wie Ethernet mit Token-Ring (802.5), FDDI, ATM oder X.25.

Routbare Protokolle	Nicht-routbare Protokolle
DECnet	LAT
OSI/ISO	SNA
TCP/IP	Netbios
XNS	Xodiac
IPX	NetBUI
XTP	LANManager
Vines	ARP
IPv6	RARP

Tabelle 2.1. Routbare und nicht-routbare Protokolle

Die Basisaufgabe eines Routers besteht in der Wegefindung innerhalb eines vermaschten Netzwerks. Router finden den Weg zu den Nachbar-Routern und Zielnetzwerken anhand der Routing-Informationen, die manuell oder dynamisch über Router-to-Router-Protokolle in den Routing-Tabellen eingetragen werden. Beim dynamischen Routing werden zwischen den am Netzwerk angeschlossenen Routern zyklisch „Wegefindungspakete" (Routing Informations/RI) versendet. Durch die RI-Datenpakete lernt jeder Router die existierenden Wege zwischen den Netzwerken kennen. In der TCP/IP-Welt können große vermaschte Netzwerke in einzelne Routing-Domänen unterteilt werden. Innerhalb einer Routing-Domäne verwenden die Router eigene Interior Gateway Protocols (IGP). Die bekanntesten IGPs sind das Routing Information Protocol (RIP) und das Open Shortest Path First Protocol (OSPF). Die Routing-Domänen propagieren untereinander die Erreichbarkeit von Netzwerken über Exterior Gateway Protocols. Hierzu zählen das Exterior Gateway Protocol (EGP) und das Border Gateway Protocol (BGP). Durch die Aufteilung in Routing-Domänen reduzieren sich die Routing-Updates zwischen den einzelnen Domänen deutlich.

Router

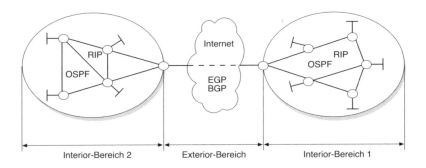

Abbildung 2.1. Aufteilung in Routing-Domänen

Fragmentierung

Auf dem Weg zwischen Sender und Empfänger können Datenpakete über Netzwerke geroutet werden, deren maximal zulässige Datenpaketlänge geringer ist als die Länge des zu transportierenden Datenpakets. Dies ist beispielsweise beim Übergang von FDDI (4495 Byte) nach Ethernet (1518 Byte) der Fall. Soll vom FDDI/Ethernet-Router ein FDDI-Datenpaket auf das Ethernet transportiert werden, so muß das Ursprungsdatenpaket in mehrere Dateneinheiten aufgeteilt werden. Dieser Vorgang wird als Fragmentierung bezeichnet. Die daraus resultierenden Datenpaket-Fragmente haben anschließend eine Länge, die für die Übertragung auf dem Ethernet geeignet ist. Die Fragmente werden jeweils als unabhängige Datenpakete übertragen. Diese Fragmente können auf verschiedenen Wegen zum Zielnetzwerk befördert werden und erreichen den Empfänger in unterschiedlicher Reihenfolge. Der Empfänger muß die Datenpakete der höheren Protokollschicht geordnet übergeben. Dieser Vorgang wird als Reassembly-Mechanismus bezeichnet. Die Liste in Tabelle 2.2 gibt einen Überblick über die maximale Paketlänge in den verschiedenen Netzwerken.

Netzwerkbezeichnung	Maximale Paketlänge in Byte
Ethernet	1512
Token-Ring	8000
FDDI	4495
ARPANET	1024
X.25 (Maximum)	1024
X.25 (Standard)	128

Tabelle 2.2. Maximale Paketlänge in Netzwerken

2.2 Einsatzgebiete von Routern

Ein Router verbindet zwei oder mehrere Netzwerke miteinander, indem er auf der Netzwerkschicht eine Adressierung (Anpassung der Adressen) über physikalische und logisch getrennte Netzwerke hinweg vornimmt. Der Router erscheint den angeschlossenen Netzwerken als eigenständiger Netzknoten. Beim Senden und Empfangen paßt der Router die Datenpakete den netzspezifischen Gegebenheiten (zum Beispiel Paketlänge oder maximale Übertragungszeit) an. Die Daten in einem Router werden nicht einfach transparent vermittelt, sondern zwischengespeichert und erst in einem weiteren Schritt an den Empfänger weitergereicht. Anders als beim Einsatz von Translation Bridges müssen beim Einsatz von Routern das Netzwerk und die daran angeschlossenen Stationen detailliert geplant und konfiguriert werden (Adreßtabellen, Default Routes etc.). Zudem stellt ein Router durch die Implementierung der unterschiedlichen Protokolle auf der Software-Seite immer eine potentielle Fehlerquelle dar. Es empfiehlt sich daher, eine genaue Aufwandsabschätzung vorzunehmen.

Allgemein gilt, daß Routing bei vermaschten Netzwerken mit einem Topologiewechsel (zum Beispiel Ethernet auf FDDI) oder zur Anbindung von langsamen WAN-Strecken (64 KBit/s) die Komplexität und die Problembereiche reduziert. In einer reinen Ethernet-Ethernet-Verbindung bringt es allerdings wenig, einen Router einzusetzen. Im Zweifelsfall sollte mit einer Verbindung über Bridges begonnen und bei Bedarf auf Router umgerüstet werden. Ideal hierfür ist die Verwendung von Bridges, die sich durch das Einspielen einer neuen Software auf Routing-Funktionen umstellen lassen. Besonders schwierig wird die Entscheidung zwischen Routing oder Bridging in einer Multiprotokoll-Umgebung. Hier ist es oft nicht möglich, alle Protokolle zu routen. Für diese Fälle wurden die Brouter (Bridging Router) entwickelt. Brouter besitzen neben einem voll funktionsfähigen Router-Teil, eine parallel geschaltete Bridge-Komponente. Diese bridgt nach den Regeln des Translation Bridgings alle Datenpakete, die mit den aktivierten Schicht-3-Protokollen nicht geroutet werden können.

Router wurden früher immer in Netzwerkumgebungen eingesetzt, in denen Verbindungen über den lokalen Bereich von Datennetzen realisiert werden mußten. In den letzten Jahren wurden die Router zunehmend durch Bridges verdrängt, die protokolltransparent arbeiten und nicht an ein bestimmtes Protokoll gebunden sind. Trotzdem gibt es immer noch fest umrissene Aufgaben- beziehungsweise Einsatzgebiete, die nur von Routern angemessen erfüllt werden können. Heute werden Router meist aus folgenden Gründen installiert:

Abschottung von Broadcasts

Router transportieren – im Gegensatz zu Bridges – keine Hardware-spezifischen Broadcasts auf angeschlossene Netzwerke. Die Broadcasts werden von jeder Station am Netzwerk empfangen und die darin enthaltenen Informationen werden interpretiert. Je nach Hard- und Software-Architektur einer Komponente führt ein hohes Broadcast-Aufkommen schnell zur Überlastung der Geräte. Router verbinden die Netzwerke auf der Schicht 3 und sind deshalb für Hardware-Broadcasts undurchlässig.

Vergrößerung des Adreßraumes

Für ein Unternehmen wurde eine offizielle IP-Netzwerkadresse (zum Beispiel Klasse C) reserviert. In einem solchen Netzwerk können nur 254 IP-Endgeräte angeschlossen werden. Durch das rasche Anwachsen der IP-Systeme am Netzwerk ist der Adreßraum schnell erschöpft, und es stehen keine Adressen für neue Geräte zur Verfügung. Der einzige Ausweg aus dieser Situation liegt in der Beantragung weiterer IP-Netzwerkadressen. Diese unterschiedlichen Adreßräume werden über Router miteinander verbunden.

Segmentierung des Adreßraumes

Ein Unternehmen betreibt ein weltweites Netzwerk. Die einzelnen Netzwerksegmente sind über private Dienste (WAN-Leitungen) miteinander verbunden. Diesem Unternehmen wird eine offizielle IP-Netzwerkadresse (zum Beispiel Klasse A oder Klasse B) zugeteilt. Da das Gesamtnetzwerk mit allen vorhandenen Strukturen weiterhin bestehen bleiben soll, werden die einzelnen Segmente über Router mit Subnetzwerkadressen untereinander verbunden. Das Gesamtnetzwerk wirkt nach außen wie ein einziger, zusammenhängender Adreßraum. Intern wird dieses Netzwerk jedoch in kleinere Strukturen unterteilt. Die Segmentierung der Adreßräume ist Aufgabe der Router.

Anbindung von WAN-Diensten

Die einzelnen Netzwerke in einem Gesamtnetzwerk werden durch WAN-Dienste (Standleitungen, X.25, Frame Relay, SMDS, ATM) miteinander verbunden. Die Router sorgen für die Anpassung der LAN-Datenströme an die WAN-Dienste.

Unternehmenspolitische Gründe

In einem Unternehmen existieren viele Netzwerke, die nicht direkt über Bridges miteinander kommunizieren sollen. Mögliche Gründe hierfür sind:

- Sicherheitsgründe
  Den Benutzern eines Netzwerks stehen nur lokale Dienste zur Verfügung. Die Dienste anderer Netzwerke sind nur über Router erreichbar. Da nur Endgeräte einzelner Stationen für das Routing konfiguriert sind, können nur diese auf die Remote-Ressourcen zugreifen.
- Administrative Gründe
  Das Netzwerk ist in kleinere Verwaltungseinheiten gegliedert. Jedes Netzwerk wird über eine eigene Managementstation verwaltet und administriert.

2.3 Aufbau von Routern

Router lassen sich nach ihren Einsatzgebieten in zwei Gruppen klassifizieren: Lokale Router und Remote Router.

Lokale Router

Ein lokaler Router verbindet zwei oder mehr Netzwerksegmente, die sich innerhalb eines geografisch eng begrenzten Raums befinden. In der Regel sind diese Segmente zwischen einem und hundert Meter voneinander entfernt. Lokale Router können sowohl physikalisch gleichartige Netzwerke verbinden, als auch Übergänge zwischen verschiedenen Technologien schaffen.

Ein lokaler Router besteht immer aus folgenden Funktionsmodulen:

- einer oder mehreren LAN-Schnittstellen
- einem Prozeßmodul

Remote Router

Entfernt liegende Datennetze werden auf der Schicht 3 über Remote Router verbunden. Dies erfolgt über festgeschaltete Verbindungen (privates oder öffentliches Netz) oder Wählleitungen. Die Datengeschwindigkeit kann je nach Anwendung und Anforderung zwischen 9,6 KBit/s und mehreren MBit/s betragen.

Wie in Abbildung 2.2. dargestellt, wird zwischen den einzelnen Netzwerken – und damit für alle angeschlossenen Endgeräte – ein transparenter Datenfluß auf der Schicht 3 über die Router ermöglicht. Der gesamte LAN-Verkehr und auch alle höheren Protokolle werden transparent über das WAN übermittelt. Nicht routbare Protokolle, beispielsweise LAT oder NetBIOS, können über einen Router nicht miteinander kommunizieren. Daher wurden Bridging-Router (Brouter) entwickelt, die alle routbaren Protokolle auf der Schicht 3 und alle nicht routbaren Protokolle auf der Schicht 2 im Bridging-Modus übermitteln.

Router

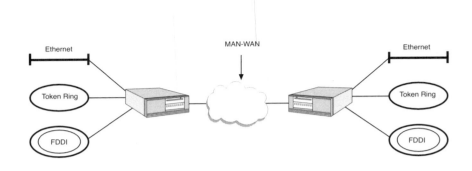

Abbildung 2.2. Verbindung zwischen LANs über Remote Router

Ein Remote Router besteht immer aus folgenden Funktionsmodulen:

- einer oder mehreren LAN-Schnittstellen
- einem Prozeßmodul
- einer oder mehreren WAN-Schnittstellen

Moderne Remote Router ermöglichen den parallelen Betrieb mehrerer WAN-Verbindungen zum gleichen Zielsegment. Durch die Implementation eines speziellen Routing-Protokolls auf der WAN-Schnittstelle, kann eine redundante Verbindung zwischen den einzelnen Routern aufgebaut werden.

Der Administrator kann für die parallele Strecke zwei Arbeitsmodi definieren:

- Hot Standby
- aktive parallele Verbindungen

Hot Standby
Im Hot Standby werden die Strecken zwischen zwei Routern so konfiguriert, daß immer nur eine Strecke aktiv ist. Beim Ausfall der primären Verbindung wird die redundante Verbindung sofort aktiviert. Im Fehlerfall muß der gesamte Datenverkehr in Sekundenbruchteilen und ohne Unterbrechung der aktiven Session auf die alternative Verbindungsstrecke umgeleitet werden.

Aktive parallele Verbindungen
Der gesamte Datenverkehr wird gleichmäßig auf die verfügbaren WAN-Strecken aufgeteilt. Beim Ausfall einer WAN-Strecke werden die Daten sofort auf die verbleibenden Strecken umgeleitet. Hierfür bedarf es eines sehr schnellen Rerouting-

Mechanismus. Der Remote Router untersucht in jedem empfangenen Datenpaket die Zieladressen und routet die Daten anhand dieser Adressen auf dem kürzesten Weg zum richtigen Port des Ziel-Routers. Außerdem kann der Netzwerkmanager Prioritätskriterien für die Übertragung von bestimmten Protokollen (zum Beispiel bei zeitkritischen Anwendungen) auf den gleichzeitig aktiven parallelen Strecken festlegen. Dadurch wird gewährleistet, daß für diesen Pakettyp immer genug Übertragungsressourcen zur Verfügung stehen und die Daten ohne Verzögerungen übertragen werden.

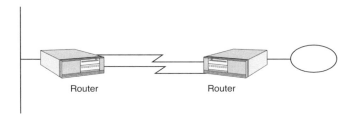

Abbildung 2.3. Parallele Verbindungen zwischen zwei Routern

2.4 LAN-Schnittstellen

Die LAN-Schnittstelle besteht aus einem physikalischen und einem logischen Teil. Die LAN-Schnittstelle gewährleistet die physikalische Ankopplung des Routers an das lokale Netzwerk. Handelt es sich um einen lokalen Router, so ist diese Schnittstelle mindestens doppelt implementiert. Bei Remote Routern wird meist nur ein Netzwerkkontroller unterstützt. Mittlerweile stehen zahlreiche Netzwerktechniken und Subspezifikationen (Fast Ethernet, Token-Ring, ATM, Ethernet) für Router zur Verfügung. Im Netzwerkkontroller erfolgt auf der Schicht 2 das Aus- oder das Verpacken des Datenaufkommens in das jeweilige physikalische Übertragungsprotokoll. Auf der logischen Ebene des Netzwerkkontrollers (Schicht 3) werden die unterschiedlichen Protokolle (TCP/IP, DECnet, XNS, IPX) nach ihren spezifischen Regeln weiterverarbeitet. Es ist daher wesentlich, daß bei Multiprotokoll-Routern die einzelnen Protokolle individuell zu aktivieren und zu laden sind.

Der prinzipielle Funktionsaufbau eines LAN-Interfaces für Router umfaßt:

- Empfang von Datenpaketen
  Wird ein Datenpaket vom lokalen Datennetz empfangen, so wird der Schicht-2-Header entfernt und die höheren Protokollinformationen auf die darin enthaltenen Schicht-3-Adreßinformationen untersucht. Die Adresse des Zielnetz-

werks wird anhand der Routing-Tabelle überprüft. Beim Vorfinden eines Eintrags zu dieser Netzwerkadresse wird das Datenpaket an das Forwarding/Filtering-Modul weitergeleitet. Ist kein Eintrag vorhanden, wird eine Fehlermeldung (Network not available) an den Sender des Datenpakets übermittelt.

- Forwarding/Filtering
  Das Forwarding/Filtering-Modul untersucht, ob für die betreffende Schicht-3-Adresse ein Filter definiert wurde. Kann kein Filtereintrag gefunden werden, wird das Datenpaket an den Prozeßmodulspeicher weitergeleitet. Wird ein Filter für die betreffende Adresse gefunden, werden die Filteranweisungen abgearbeitet. Je nach Ergebnis der Filterbedingung wird das Datenpaket verworfen, umgeleitet (zum Beispiel an einen anderen Port) oder ebenfalls an das Prozeßmodul weitergereicht.

- Versenden von Datenpaketen
  Das Forwarding/Filtering-Modul übergibt dem Sendemodul ein Schicht-3-Datenpaket zur Übermittlung an das lokale Netzwerk. Die Daten der Schicht 3 werden um die Protokollinformationen der Schicht 2 erweitert und anschließend an das lokale Netzwerk gesendet.

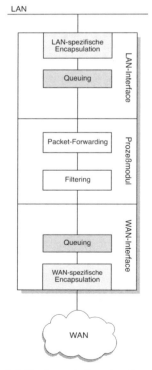

Abbildung 2.4. Hardware-Aufbau eines Remote Routers

Prozeßmodul

Die eigentliche Aufgabe des Prozeßmoduls besteht in der Verarbeitung und Weiterleitung der empfangenen Datenpakete. In den meisten Routern muß das Prozeßmodul auch alle Managementfunktionen (beispielsweise das Sammeln von Statistiken) übernehmen. Beim Transport eines Datenpakets zwischen dem Netzwerk und den jeweiligen WAN-Ports vergleicht das Prozeßmodul die Informationen des Datenpakets mit den Routing-Tabellen und übergibt das Datenpaket an das WAN-Modul.

WAN-Modul

Zur physikalischen Verbindung der Remote Router mit den WAN-Diensten stehen mehrere Stecker- beziehungsweise Anschlußtypen zur Verfügung. Die wichtigsten Schnittstellen sind die V.24- (RS-232-), die X.21-, die V.35-, die G.703-, die ISDN S0- und S2M-Schnittstellen mit ihren verschiedenen Steckerformen (DB-25, DB-9 oder RJ-45). Auf den einzelnen WAN-Ports des Remote Routers können die spezifischen Übermittlungsprotokolle und Dienste (X.25, ISDN, Frame Relay, SMDS, ATM, Standleitung, Wählleitung) nach Bedarf aktiviert werden. Bei der zur Verfügung stehenden Übertragungsgeschwindigkeit reicht die Spannbreite von 2400 Bit/s bis 155 MBit/s. Oberhalb des physikalischen Netzwerkanschlusses muß im Router für die jeweilige Anwendung das spezifische Schicht-3-Protokoll aktiviert sein. Auch hier stehen zahlreiche Funktionen und Protokolle zur Verfügung: Point-to-Point-Protokoll (PPP), X.25, ISDN, HDLC/LAPB oder SMDS. Auf dem WAN-Modul werden folgende Dienste erbracht:

- Senden der Daten
  Die vom Prozeßmodul weitergeleiteten Datenpakete erreichen das Sendemodul zur Übermittlung an das WAN-Modul.
- Paketierung
  Die Schicht-3-Datenpakete werden in das jeweilige Header-Format (zum Beispiel X.25 oder Frame Relay) der angeschlossenen WAN-Leitung verpackt und mit den notwendigen Adreßformaten versehen. Die Datenpaketformate und ihre Inhalte sind bei Remote Routern gemäß den angeschlossenen Diensten (beispielsweise HDLC-Formate) standardisiert. Anschließend wird das vollständige Datenpaket auf die Leitung des WANs übermittelt.
- Empfang von Datenpaketen
  Empfängt das WAN ein Datenpaket, werden der Schicht-2-Header entfernt und die höheren Protokollinformationen auf die darin enthaltenen Schicht-3-Adreßinformationen untersucht. Die Adresse des Zielnetzwerks wird anhand der Routing-Tabelle überprüft. Beim Vorfinden eines Eintrags zu dieser Netzwerkadresse wird das Datenpaket an das Forwarding/Filtering-Modul weitergeleitet. Ist kein Eintrag vorhanden, wird eine Fehlermeldung (Network not available) an den Sender des Datenpakets übermittelt.

- Forwarding/Filtering
  Das Forwarding/Filtering-Modul untersucht, ob für die betreffende Schicht-3-Adresse ein Filter definiert wurde. Kann kein Filtereintrag gefunden werden, wird das Datenpaket an den Prozeßmodulspeicher weitergeleitet. Wird ein Filter für die betreffende Adresse gefunden, werden die Filteranweisungen abgearbeitet. Je nach Ergebnis der Filterbedingung wird das Datenpaket verworfen, umgeleitet (zum Beispiel an einen anderen Port) oder ebenfalls an das Prozeßmodul weitergereicht.

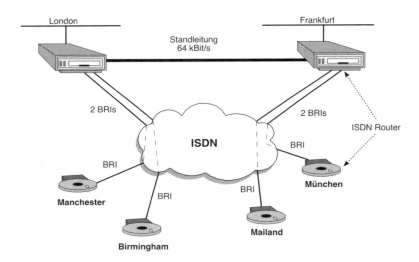

Abbildung 2.5. Internationales Router-Netzwerk

Filter

Ein Router sollte bestimmte Datenpakete ausfiltern können. Dazu muß er über Mechanismen verfügen, die anhand bestimmter Kriterien entscheiden, ob ein Datenpaket übertragen wird. So können bestimmte Netzwerkadressen oder Rechneradressen gesperrt oder exklusiv erlaubt werden. Damit können alle Stationen an einem Netzwerk vor dem unberechtigten Zugriff bestimmter Geräte geschützt werden. Logische Verknüpfungen (und/oder/nicht) der Transportkriterien ermöglichen flexible, auf die Bedürfnisse des jeweiligen Netzwerks zugeschnittene Kombinationen.

Durchsatz

Der Durchsatz (Aggregate Speed) eines Routers setzt sich aus der Port-Geschwindigkeit und den einzelnen Schnittstellen zusammen. Die verfügbaren Router stellen eine maximale Geschwindigkeit von bis zu mehreren Millionen Datenpaketen pro Sekunde bereit. Durch die unterschiedlichen Datenpaketgrößen variiert die Übertragungsrate. Meist werden Datenpakete mit einer minimalen Datenpaketgröße von 64 Byte für die Durchsatzberechnung zugrunde gelegt.

Administration/Netzwerkmanagement

Ein Router kann entweder lokal über eine Console-Schnittstelle oder remote über eine seiner Netzwerkschnittstellen (per Telnet oder SNMP) verwaltet werden. Abfrage und Konfiguration können durch diese Protokolle erfolgen. Das Laden der Betriebssoftware sollte bei Routern per Download (TFTP) über das Netzwerk oder durch den Austausch von Flash-EPROMs vorgenommen werden.

2.5 Routing-Verfahren

Das Routing sorgt für eine Wegewahl zwischen unterschiedlichen Netzwerken. Durch diese Funktion können mehrere Netzwerke zu einem gemeinsamen Gesamtnetzwerk verbunden werden. Diese Funktion wird in den verschiedenen Protokollwelten auf unterschiedliche Art und Weise erbracht. Daher arbeiten alle auf der Schicht 3 angesiedelten Protokolle völlig unabhängig voneinander. Router ermöglichen die automatische Anpassung unterschiedlicher Netzwerke und die Wegefindung innerhalb eines vermaschten Netzwerks. Zwischen den am Netzwerk angeschlossenen Routern werden zyklisch „Wegefindungspakete" ausgetauscht. Durch diese lernen die Router vorhandene Wege zwischen den Netzwerken kennen. Nach dem Kennenlernen wird der Weg zu einem Netzwerk in einer Routing-Tabelle eingetragen. In großen vermaschten Netzwerken können die Wegetabellen zu groß werden, daher werden die Netzwerke in Routing-Domänen unterteilt. Innerhalb einer Routing-Domäne kommunizieren die Router über eigene Protokolle. Die einzelnen Routing-Domänen propagieren die Erreichbarkeit von Netzwerken über EGP (Exterior Gateway Protocol). Durch die Aufteilung in verschiedene Routing-Domänen reduzieren sich die erforderlichen Routing-Updates zwischen den einzelnen Domänen erheblich.

Routing in vermaschten Netzwerken

Das Prinzip des Routings wird an einem vereinfachten Netzwerk vorgestellt (Abbildung 2.6). Es ist zu beachten, daß Routing nur zwischen unterschiedlichen IP-Netzwerken möglich ist.

Ein Benutzer am Rechner 1 in Netzwerk 1 adressiert ein Datenpaket an Rechner 2 in Netzwerk 2. Dabei stellt der lokale Rechner anhand der Netzwerkadresse fest, daß sich der Zielrechner nicht auf dem lokalen Netzwerk befindet. Anhand der Informationen in der Routing-Tabelle erkennt Rechner 1, daß er dieses Datenpaket über einen bestimmten Router zum Zielrechner senden muß. Da sich jedoch im Netzwerk 1 zwei Router befinden, kann das Datenpaket sowohl über Router 1

Routing light

als auch über Router 2 übermittelt werden. Um die Duplizierung des Datenpakets zu vermeiden, muß immer ein eindeutiger Eintrag in der Routing-Tabelle vorgenommen werden.

Folgende Mechanismen stehen zur Verfügung:

- statisches Routing
- Default-Routing
- dynamisches Routing

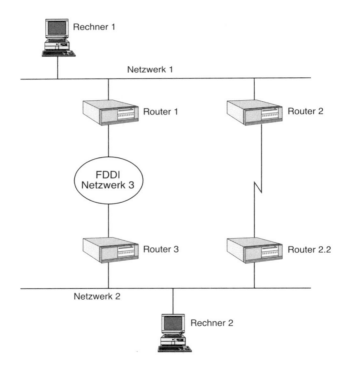

Abbildung 2.6. Router-Netzwerk

Statisches Routing

Beim statischen Routing wird für jedes Netzwerk vom Netzwerkmanager eine Tabelle in jedem Router und Rechner angelegt. Jeder Weg zu jedem Netzwerk muß manuell festgelegt werden (auch alternative Routen), inklusive der Anzahl der Hops (Sprünge) und des nachfolgenden Routers. Für das Troubleshooting bietet das statische Routing erhebliche Vorteile: Durch die festen Zuweisungen kann detailliert nachvollzogen werden, welchen Weg ein Datenpaket im Netzwerk genommen hat. Der Nachteil des statischen Routing liegt in der notwendigen Pflege der statischen Tabellen in einem größeren Netzwerk. Da jede neue Route bei einer Veränderung der Netzwerkstruktur eine Aktualisierung aller Routing-Tabellen nach sich ziehen würde, käme es zu einem kaum vertretbaren Verwaltungsaufwand. Beim Ausfall eines der konfigurierten Router ist eine Kommunikation nicht mehr möglich, obwohl es vielleicht einen alternativen Weg gäbe.

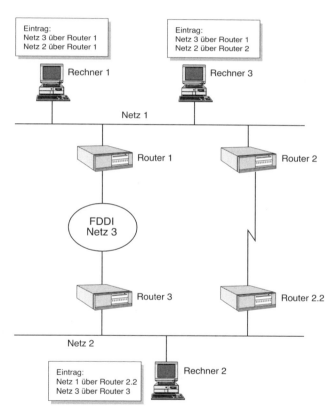

Abbildung 2.7. Statisches Routing

Default-Routing

Beim Default-Routing wird in die Routing-Tabelle des Senders eine Router-Adresse eingetragen, an die alle Datenpakete geschickt werden, die nicht für das eigene Netzwerk bestimmt sind. Der Default Router hat in diesem Fall die Aufgabe, den günstigsten Weg für das Datenpaket bis zum Empfänger zu ermitteln. Der Vorteil des Default-Routings besteht in den wenigen Einträgen, die in den Routing-Tabellen vorgenommen werden müssen. Nachteilig wirkt sich ein ausgefallener Default-Router in einem Netzwerk mit mehreren Routern aus. Der Ausfall des Default-Routers genügt, um die Kommunikation mit externen Rechnern vollkommen zu unterbrechen.

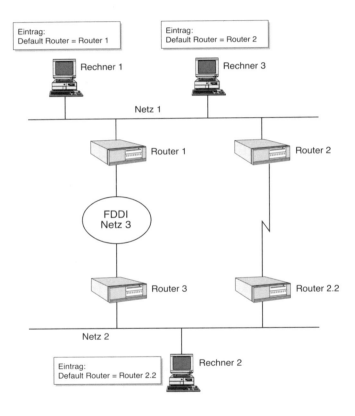

Abbildung 2.8. Default-Routing

Dynamisches Routing
Beim dynamischen Routing tauschen sowohl die Endgeräte als auch die Router Wegefindungspakete untereinander aus. Hierzu werden Routing-Protokolle verwendet. Diese informieren alle Endgeräte und Router im Netzwerk über alle aktuellen Wege zu den unterschiedlichen Netzwerken. Die Wege werden beim

dynamischen Routing nicht festgelegt und können sich jederzeit ändern. Der Vorteil des dynamischen Routings besteht darin, daß die Routing-Tabellen nicht manuell gepflegt werden müssen. Jedes Datenpaket wird über den optimalen Weg übertragen. Der Nachteil des dynamischen Routings besteht in der Länge der Routing-Tabellen. Außerdem sind die Wege, über die ein Datenpaket übermittelt wird, nicht vorhersagbar.

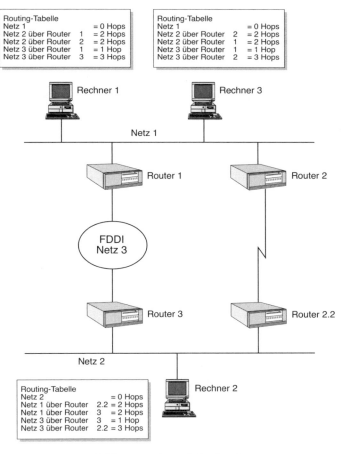

Abbildung 2.9. Dynamisches Routing

Darüber hinaus wird beim dynamischen Routing durch die zyklischen Routing-Update-Datenpakete eine gewisse Bandbreite auf dem Netzwerk belegt. Der Einsatz von dynamischen Routing-Tabellen und alternativen Wegen in einem vermaschten Netzwerk kann dazu führen, daß Datenpakete im Verbund zwischen den Routern ununterbrochen verschickt werden. Die ziellos kreisenden Datenpakete verbrauchen die teuren Router-Ressourcen. Zur Vermeidung dieser Endlosschleifen wird in jedem Datenpaket ein Zeitstempel eingefügt. Anhand dieses Zeitstempels berechnet ein Router die verbleibende Lebenszeit des Datenpakets. Fällt der Wert der Lebenszeit auf Null, so muß das betreffende Datenpaket per Definition verworfen werden.

2.6 Routing in vermaschten Netzwerken

Das Routing erfolgt auf Schicht 3 und sorgt dafür, daß alle Datenpakete, die nicht für einen Empfänger auf dem lokalen Netzwerk bestimmt sind, über einen Router übermittelt werden. Ein solcher Router muß also die verschiedenen Routen zu den Empfängernetzwerken kennen. Diese Wege werden in den Routing-Tabellen abgelegt, um das Erreichen der Zielnetzwerke zu gewährleisten. Die Größe der in vermaschten Netzwerken entstehenden Routing-Tabellen und ihre ständigen Aktualisierungen machen ihre manuelle Pflege nahezu unmöglich. Da größere Netzwerke immer dynamische Gebilde sind, muß eine automatische Berechnung und Propagierung der Routen erfolgen. Hierzu wird entweder das Distance Vector Routing oder das Link State Routing verwendet.

Distance Vector Routing

Beim Distance Vector Routing sind die Routing-Tabellen so aufgebaut, daß das Ziel mit der Entfernung und der Route zum Zielnetzwerk angegeben wird. Die Routing-Updates werden periodisch ausschließlich zu direkten Nachbar-Routern übermittelt. Diese Updates bestehen aus einer Liste von Tupeln (V, D), wobei V das Ziel (Vector) und D die Entfernung (Distance) definiert. Ein Router teilt also seinem Nachbarn mit, daß er die Ziele (V) über eine gewisse Anzahl von Sprüngen (D), auch Hops genannt, erreichen kann. Router, die die Updates empfangen, vergleichen alle Einträge in ihren Routing-Tabellen mit den Updates. Erkennt ein Router, daß es einen kürzeren Weg zum Zielnetzwerk gibt, wird die eigene Routing-Tabelle entsprechend modifiziert. Die Vorteile des Distance Vector-Verfahrens bestehen darin, daß alle Routing-Informationen nur bis zum nächsten Nachbarn geschickt werden müssen. Die Kenntnis der gesamten Netzwerkstruktur ist für den einzelnen Router nicht erforderlich. Es reicht aus, daß der Router den nächsten Hop kennt. Daher ist der Distance Vector Routing-Algorithmus einfach zu implementieren. Der Nachteil beim Distance Vector-Verfahren ist die langsame Konvergenz und das häufige Auftreten von Routing-Schleifen.

Split Horizon

Der Split Horizon-Mechanismus bewirkt, daß in Routing Updates die Wegeinformationen zu bekannten Nachbarnetzwerken nicht enthalten sind. Dadurch lassen sich Routing Loops zwischen zwei benachbarten Routern verhindern. Durch den Split Horizon-Mechanismus wird vermieden, daß überflüssige Routing-Informationen an ihren Urheber zurückgeschickt werden. Darüber hinaus reduziert dieser Mechanismus die Größe der Routing-Tabellen.

Triggered Updates

Beim Triggered Update-Mechanismus werden immer nur dann Routing-Updates versandt, wenn sich ein Parameter für eine Route verändert hat. Beispielsweise löst der Ausfall einer Route ein Triggered Update aus. Der betreffende Weg wird als nicht mehr verfügbar gekennzeichnet. Empfängt ein Nachbar-Router ein Triggered Update, wird die betreffende Route aus der jeweiligen Routing-Tabelle entfernt. Alle weiteren Nachbar-Router werden über das Triggered Update auf diese Änderung hingewiesen. Der Ausfall einer Leitung kann so sehr schnell über das gesamte Netzwerk propagiert werden.

Verschiedene Routing-Protokolle, unter anderem das Routing Information Protocol (RIP), bedienen sich des Split Horizon und der Triggered Updates. In diesen Protokollen finden sich zusätzliche weitergehende Maßnahmen zur Eliminierung von Routing Loops. Der große Nachteil von Distance Vector-Protokollen, beispielsweise des RIP, besteht in der minimalen Skalierbarkeit des Algorithmus. Die Routing-Updates enthalten alle Routing-Einträge für direkt angeschlossene Netzwerke. Daher ist die Größe der Routing-Updates proportional zur Anzahl der angeschlossenen Netzwerke. Da jeder Router fester Bestandteil des gesamten Routing-Verfahrens ist, erhöht sich der dadurch bedingte Protokoll-Overhead.

Link State Routing

Beim Link State Routing muß jeder Router alle anderen Router im Netzwerk sowie die daran angeschlossenen Netzwerke kennen. Beim Link State Routing-Algorithmus wird von den Routern kontinuierlich der Status der direkten Nachbarn abgefragt. Zur Statusabfrage zwischen den Nachbarn werden von Link State Routern periodisch Nachrichten ausgetauscht. Werden diese Statusinformationen beantwortet, gilt der Nachbar als erreichbar. Die Verbindung zu diesem Gerät wird deshalb in der Routing-Tabelle mit dem Status „Up" versehen. Andernfalls wird die Verbindung zum Nachbar-Router mit dem Status „Down" gekennzeichnet.

Ein Link State Router verschickt periodisch mit Hilfe des Broadcast-Mechanismus diese Link-Status-Informationen an alle direkt angeschlossenen Verbindungen. Der Routing-Mechanismus ermöglicht so eine Verbreitung der Informationsänderungen im Netzwerk. Empfängt ein Router ein solches Update, berechnet er über den Shortest Path First-Algorithmus den kürzesten Pfad zu sämtlichen

Netzwerken (beziehungsweise Routern). Der Vorteil des Link State Routing ist die sehr schnelle Konvergenz. Es müssen keine großen Routing-Tabellen über das Netzwerk übertragen werden. Daher wird das Link State Routing-Verfahren als leicht skalierbar eingestuft. Nachteilig wirken sich die hohen Anforderungen an CPU-Leistung und Speicher in den Routern aus. Das bekannteste Link State Routing-Protokoll ist das Open Shortest Path First Protocol (OSPF).

3 Routing-Protokolle

Um Routing in vermaschten Netzwerken problemlos durchführen zu können, müssen die Router eine Reihe von Anforderungen erfüllen:

Robustheit
Beim Aufbau eines größeren Netzwerks gehen die Betreiber davon aus, daß dieses für eine lange Zeit fehlerlos arbeitet. Auch neu installierte Endgeräte und Router sowie nachträglich ins Netzwerk integrierte Subnetze dürfen zu keiner Betriebsstörung führen. Die Routing-Mechanismen müssen während des Betriebes allen neuen Netzwerkkonfigurationen anzupassen sein, ohne daß das gesamte Netzwerk neu gestartet werden muß.

Korrektheit
Der verwendete Routing-Algorithmus muß korrekt arbeiten und überprüfbar sein. Die Endgeräte im Netzwerk müssen sich darauf verlassen können, daß alle dem Router übermittelten Daten nicht aufgrund eines Fehlers im Routing-Algorithmus verlorengehen. Je einfacher ein Routing-Algorithmus aufgebaut ist, desto leichter ist er zu überprüfen.

Fairneß
In einem vermaschten Netzwerk darf die Netzwerklast zwischen Routern nicht dazu führen, daß einzelne Netzwerke oder Router ihre Daten nicht übertragen können. Routing-Mechanismen müssen die Zeitspanne, die ein Datenpaket im Netzwerk unterwegs ist, so gering wie möglich halten.

Optimales Routing
Routing-Mechanismen müssen gewährleisten, daß, basierend auf bestimmten Kriterien, ein genau auf die Situation abgestimmtes Routing im Netzwerk stattfindet. Entstehende Konvergenzsituationen sind ein Anzeichen dafür, daß ein Einigungsprozeß zwischen den aktiven Routern im Netzwerk über die optimalen Routen stattfindet.

3.1 Routing-Algorithmen
Generell wird zwischen adaptiven und nicht-adaptiven Routing-Algorithmen unterschieden. Die adaptiven Routing-Algorithmen passen ihre Routing-Strategie der aktuellen Lastsituation und der Netzwerkstruktur an. Die nicht-adaptiven Routing-Algorithmen sind dazu nicht in der Lage. Dies sagt jedoch nichts über die Leistungsfähigkeit der jeweiligen Routing-Algorithmen aus. Routing-Algorithmen sind verhältnismäßig komplex aufgebaut und erbringen vergleichbare

Funktionen. Bei nicht-adaptiven Routing-Algorithmen werden die Verbindungen im voraus festgelegt. Dies wird auch als statisches Routing bezeichnet. Adaptive Routing-Algorithmen lassen sich in zentralisierte, isolierte und verteilte Routing-Mechanismen unterteilen.

Flooding

Beim Flooding wird jedes vom Router empfangene Datenpaket über alle abgehenden Verbindungen gesendet – mit Ausnahme der Leitung, über die das Datenpaket empfangen wurde. Dadurch werden in einem vermaschten Netzwerk unendlich viele doppelte Datenpakete erzeugt. Um die Flut der unnötigen Datenpakete einzudämmen, werden die in den Datenpaketen enthaltenen Timer bei jedem Übergang über einen Router dekrementiert. Erreicht der Timer den Wert 0, wird das Datenpaket vom nächsten Router nicht mehr weitertransportiert. Eine Variante dieses Routing-Mechanismus ist das selektive Flooding. Hier werden die Datenpakete nicht mehr auf sämtliche Leitungen geschickt, sondern der Router wählt die ungefähre Richtung aus, über die das Zielnetzwerk zu erreichen ist. Der Flooding-Mechanismus wird in modernen Netzwerken wegen der hohen Leitungsbelastung nicht mehr eingesetzt.

Shortest Path First Routing

Der Shortest Path First Routing-Algorithmus basiert auf der „kürzesten" Verbindung zwischen zwei Kommunikationspartnern. Die kürzeste Verbindung ist jedoch nicht notwendigerweise die kürzeste geografische Verbindung, sondern ein – abhängig von bestimmten Parametern (Zeit, Kosten, Anzahl der Hops) – zu bestimmender Weg. Der Shortest Path First Routing-Algorithmus ist die Grundlage des Open Shortest Path First Protocol (OSPF).

Multipath Routing

In einem vermaschten Netzwerk bestehen zwischen zwei Kommunikationspartnern oft mehrere Verbindungen. Durch die Verteilung der Datenpakete auf die zur Verfügung stehenden Verbindungen kann der Gesamtdurchsatz des Netzwerks erhöht werden. Das Multipath Routing realisiert eine Lastverteilung (Load Balancing) in vermaschten Netzwerken und verteilt die Datenlast gleichmäßig auf die zur Verfügung stehenden Leitungskapazitäten. Neben der Erhöhung des Datendurchsatzes läßt sich, wenn voneinander unabhängige Verbindungen gewählt werden, auch die Verfügbarkeit des Gesamtnetzwerks erhöhen. Der Ausfall einer Strecke bedingt nicht, daß die Kommunikation vollständig zusammenbricht. Das Multipath Routing wird vom OSPF-Protokoll verwendet.

Zentralisiertes Routing

Beim zentralisierten Routing werden die Routing-Informationen (Leitungsauslastung, Warteschlangen, Nachbarstatus) in periodischen Abständen von allen

Kommunikationsteilnehmern an ein zentrales Routing-Kontrollzentrum übermittelt. Mit diesen Informationen berechnet das Routing-Kontrollzentrum anhand des Shortest Path First-Algorithmus (SPF) alle Routing-Tabellen des Netzwerks. Anschließend werden diese wieder an die Kommunikationspartner im Netzwerk verteilt.

Das zentralisierte Routing hat den Vorteil, daß eine globale Sicht des Netzwerks über eine einzige Station möglich ist, die die optimalen Verbindungen errechnet. In der Praxis hat dieser Routing-Mechanismus den Nachteil, daß die einzelnen Routen häufig berechnet werden müssen. Außerdem muß für den Ausfall der zentralen Routing-Dienste eine gewisse Vorsorge getroffen werden. Ohne ein Backup-System, das parallel betrieben wird und über alle Routing-Informationen verfügt, ist das Gesamtsystem nicht einsetzbar. Die beiden redundanten Routing-Kontrollzentren müssen ständig miteinander kommunizieren und sich aufeinander abstimmen. Da sich diese Mechanismen in der Praxis nicht bewährt haben, werden zentrale Routing-Architekturen kaum noch eingesetzt.

Isoliertes Routing

Beim isolierten Routing verwenden die Router nur die Informationen zur Routen-Berechnung, die sie auch selbst gesammelt haben. Routing-Informationen werden nicht automatisch zwischen den Kommunikationspartnern ausgetauscht. Der als Hot Potato-Algorithmus bezeichnete Routing-Mechanismus arbeitet isoliert und sorgt dafür, daß die Router alle empfangenen Datenpakete so schnell wie möglich wieder verschicken können.

Hierarchisches Routing

Mit der Größe eines Netzwerks nehmen die Routing-Informationen zu. Dadurch wachsen auch die Routing-Tabellen in den Routern an. Die Folge ist, daß die Router immer mehr CPU-Ressourcen benötigen, um die Routing-Informationen zu verarbeiten. Hinzu kommt, daß deren Austausch immer mehr Bandbreite benötigt. Besonders im WAN-Bereich kann dies zu erheblichen Engpässen und Kosten führen. Um den Bedarf dieser teuren Ressourcen auf ein vernünftiges Maß zu beschränken, muß das Netzwerk in unterschiedliche Hierarchiestufen gegliedert werden. In jeder Region wird ein Router installiert, der über sämtliche Informationen seiner Hierarchiestufe verfügt und sie in dieser verteilt. Mit anderen Routern in anderen Hierarchiestufen kommuniziert der Router nur dann, wenn Datenpakete für Empfänger in anderen Regionen zu übermitteln sind.

Verteiltes Routing

Das verteilte Routing basiert darauf, daß jeder Router seinen direkt erreichbaren Nachbarn kennt und mit ihm periodisch Routing-Informationen austauscht. Bei diesem Routing-Mechanismus baut sich jeder Router seine eigene Routing-Tabelle auf. In diese werden für das betreffende Netzwerk die bevorzugte Verbindung, die Entfernung zu diesem Netzwerk und unter Umständen auch die Paketlaufzeit eingetragen. Das verteilte Routing ist die Grundlage des OSPF-Protokolls.

3.2 Internetworking

Das Routing ermöglicht die Wegfindung innerhalb von vermaschten Netzwerken. Zwischen den am Netzwerk angeschlossenen Routern werden zyklisch Routing-Informationen (RI) verschickt. Durch die RI-Datenpakete lernen die Router die vorhandenen Pfade zwischen den Netzwerken kennen. Nach dem Kennenlernen wird der Weg zu einem Netzwerk in eine Routing-Tabelle eingetragen. In großen vermaschten Netzwerken kann es vorkommen, daß die Tabellen zur Wegewahl zu groß werden und nicht mehr effizient zu bearbeiten und zu pflegen sind. Im Internetworking-Bereich können einzelne Netzwerke in separate Routing-Domänen unterteilt werden. Innerhalb einer solchen Routing-Domäne verwenden die Router untereinander eigene Protokolle zur Übermittlung der Domänen-Topologie. Diese Routing-Protokolle werden Interior Gateway Protocols (IGP) genannt.

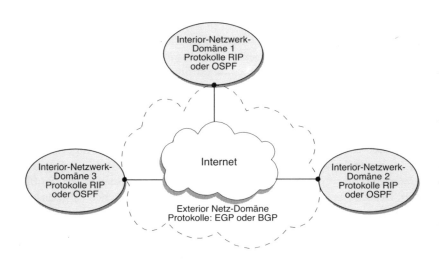

Abbildung 3.1. Konzept der Exterior und Interior Networks-Domänen

Die wichtigsten IGP-Protokolle sind das Routing Information Protocol (RIP) und das Open Shortest Path First Protocol (OSPF). Die einzelnen Routing-Domänen propagieren untereinander die Domänen über die Exterior Gateway-Protokolle. Hierzu zählen das Exterior Gateway Protocol (EGP) und das Boarder Gateway

Protocol (BGP). Durch die Aufteilung in verschiedene Routing-Domänen reduzieren sich die Routing-Updates zwischen den einzelnen Domänen und damit auch innerhalb der Domänen erheblich.

In großen vermaschten Netzwerken wie dem Internet werden die einzelnen Netzwerke in administrative Einheiten zusammengefaßt, die als autonome Systeme bezeichnet werden. Ein solches autonomes System stellt den Zusammenschluß verschiedener Netzwerke unter der administrativen Kontrolle einer einzigen Instanz dar. Innerhalb eines autonomen Systems können die Netzverwalter in ihren Netzwerken jede beliebige Routing-Strategie einsetzen. Nach außen, zu anderen autonomen Systemen, propagiert das autonome System die Informationen über die Erreichbarkeit einzelner Netzwerke. Diese Informationen werden auch an die Core Gateways des Internet weitergereicht. Bei den Core Gateways handelt es sich um dedizierte Router, deren Aufgabe es ist die Anbindung an das Internet zu gewährleisten.

3.3 Routing Information Protocol (RIP)

Das Routing Information Protocol (RIP) gehört zu den Standardprotokollen und ist in jeder TCP/IP-Implementation verfügbar. Es zählt zu den Distance Vector-Protokollen und basiert auf dem Bellman-Ford-Algorithmus. Die Routing-Metrik wird bei RIP anhand der Anzahl von Hops berechnet. Als Hop wird ein Sprung zwischen zwei Routern bezeichnet. Zur Stabilisierung des Bellman-Ford-Algorithmus bedient sich das RIP der Mechanismen Triggered Updates, Split Horizon und Reverse Poison Updates. Das RIP wurde als Routing-Protokoll für kleinere bis mittelgroße Netzwerke mit geringer Komplexität entwickelt. Folglich kann mit Hilfe des RIP nur eine Kaskadierungstiefe bis zu fünfzehn Routern erreicht werden.

RIP-Funktion

Wird ein RIP Router gestartet, wird von ihm aus automatisch ein Broadcast Request (Request-Kommando – Typ 1) an alle am Netzwerk angeschlossenen Stationen verschickt. Der Metric Count wird beim Broadcast Request auf den Wert 16 gesetzt. Diese Meldung bedeutet, daß der Router von allen weiteren RIP Routern deren vollständige Routing-Tabellen als Antwort erwartet. Ein Broadcast Request wird von den anderen Routern mit einem Response-Kommando (Typ 2) beantwortet. Die Adresse im Family-of-Net-Feld stellt die Netzwerkadresse, Rechneradresse oder die Subnetznummer dar. Der Metric Count repräsentiert dabei die Anzahl der Hops zwischen Sender- und Empfängernetzwerk. In einem RIP-Datenpaket können bis zu 25 Informationen übermittelt werden. Wurde ein Router initialisiert, werden zur Pflege der Routing-Tabellen alle 30 Sekunden Broadcast Request-Datenpakete an alle Netzwerkknoten gesendet. Dadurch erkennt

Routing-Protokolle

ein Router innerhalb kürzester Zeit alle anderen Router und Routen zu anderen Netzwerken und kann die Routing-Tabelle auf dem aktuellen Stand halten. Meldet sich ein anderer Router nicht innerhalb von 180 Sekunden auf die Anfrage, gilt er als nicht mehr verfügbar. Die Route wird automatisch auf einen Hop-Wert von 16 gesetzt und ist nicht mehr erreichbar.

Die einzelnen Routen können vom Netzwerkmanager gewichtet werden. Existieren zwei gleichwertige Verbindungen zum Zielnetzwerk, kann die Anzahl der Hops manuell erhöht werden. So wird sichergestellt, daß alle Datenpakete über die Verbindung gesendet werden, die über weniger Hops verfügt.

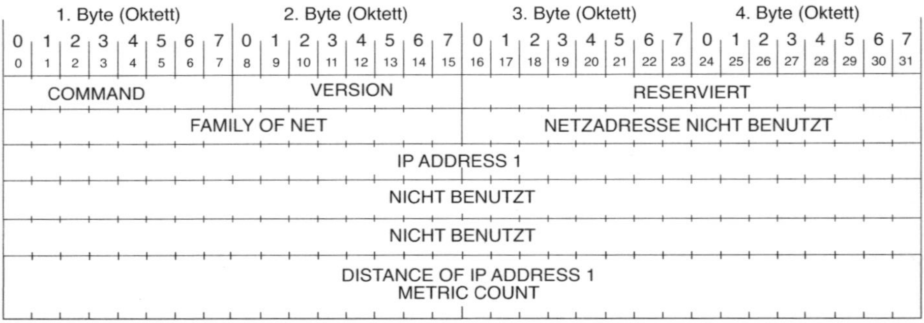

1. Byte (Oktett)	2. Byte (Oktett)	3. Byte (Oktett)	4. Byte (Oktett)
COMMAND	VERSION	RESERVIERT	
FAMILY OF NET		NETZADRESSE NICHT BENUTZT	
IP ADDRESS 1			
NICHT BENUTZT			
NICHT BENUTZT			
DISTANCE OF IP ADDRESS 1 METRIC COUNT			

Abbildung 3.2. RIP Header

Command
Das Command-Feld legt den RIP-Kommandotyp fest.

RIP unterstützt fünf Kommandotypen:

- Request
- Response
- Traceon
- Traceoff
- Reserved

Command Request
Eine Anfrage an alle angeschlossenen RIP-Systeme, ihre kompletten Routing-Tabellen an den anfragenden Router zu übermitteln. Der RIP-Request hat die Typnummer 1.

Command Response
Eine Antwort enthält die vollständige Routing-Tabelle eines Senders. Diese Meldung wird als Reaktion auf eine RIP-Anfrage, eine Poll- oder eine Update-Meldung gesendet. Der Response hat die Typnummer 2.

Command Traceon
Wird nicht mehr verwendet. Meldungen, die dieses RIP-Kommando enthalten, sind zu ignorieren. Traceon hat die Typnummer 3.

Command Traceoff
Wird nicht mehr verwendet. Meldungen, die dieses RIP-Kommando enthalten, sind zu ignorieren. Traceoff hat die Typnummer 4.

Reserved
Dieses RIP-Kommando reservierte sich die Firma Sun Microsystems, es darf nicht benutzt werden. Reserved hat die Typnummer 5.

Version
Das RIP-Versionsfeld gibt die verwendete RIP-Protokollversion an. Durch die Versionsnummer in jedem Datenpaket kann der Empfänger einer RIP-Anfrage, die verschiedenen RIP-Versionen, angemessen interpretieren. Derzeit wird bei TCP/IP-Netzwerken die Version 1 verwendet.

Reserved
Dieses Feld ist für zukünftige Anwendungen reserviert.

Family of Net
Dieser Identifikator muß bei den TCP/IP-Protokollen immer auf den Wert 2 gesetzt sein.

Net Address
Dieses Feld wird bei den TCP/IP-Protokollen nicht verwendet.

IP Address
In einem RIP-Datenpaket wird nicht zwischen Adreßtypen unterschieden. Der Wert der IP-Adresse kann daher folgende Bedeutungen haben: Rechneradresse, Subnetz- oder Netzwerknummer.

Unused
Dieses Feld wird bei TCP/IP-Protokollen nicht verwendet.

Distance of IP Address (Metric Count)
Der Metric Count definiert den Wert des Hop-Zählers (Hop Count). Jeder Router, der auf dem Weg durch das Netzwerk durchlaufen wird, setzt den Hop-Zähler um einen Wert hoch. Es sind maximal 16 Hops gestattet, 16 bedeutet, daß das Netzwerk nicht mehr erreichbar ist.

RIP im Betrieb
Obwohl das RIP-Protokoll durch seine weite Verbreitung innerhalb der TCP/IP-Welt als Standardprotokoll angesehen und von allen Herstellern unterstützt wird, führt es in großen vermaschten Netzwerken zu erheblichen Problemen.

Convergence
Der Einsatz des RIP kann, speziell in einem großen vermaschten Netzwerk, zu einem Zustand führen, der als Slow Convergence bezeichnet wird. Convergence bezeichnet einen Netzwerkzustand, bei dem sich alle Router innerhalb des Netzwerks auf einheitliche Informationen geeinigt haben. Jede Topologieänderung hebt diesen Zustand auf. Fällt beispielsweise eine Verbindung zwischen zwei Routern aus, vergeht viel Zeit, bis die Topologieänderung im gesamten Netzwerk bekannt ist. In diesem Zeitraum können fehlerhafte Routing-Tabellen zu Routing-Schleifen führen. Dabei können Datenpakete innerhalb einer Gruppe von Routern hin und her geschickt werden, bis ein Timer abläuft und das Datenpaket nicht mehr übermittelt wird.

Kaskadierungstiefe
Als Hop Count (Hop-Zähler) wird die Anzahl der Router bezeichnet, die zwischen dem Sende- und dem Zielnetzwerk liegen. Mit RIP können maximal 15 Hops übersprungen werden. Wird ein Netzwerk mit 16 Hops gekennzeichnet, gilt das Netzwerk als nicht mehr erreichbar. Daher muß ein Netzwerkmanager darauf achten, daß innerhalb eines Netzwerks nie mehr als 15 Router zwischen Sender und Empfänger liegen. Ein unbeschränktes Netzwachstum ist demnach nicht möglich.

Leitungskapazitäten
RIP wurde ursprünglich für Anwendungen auf lokalen Datennetzen konzipiert. Daher berücksichtigt der Hop Count-Mechanismus nicht die Übertragungskapazität einer Datenleitung. Bestehen beispielsweise zwischen dem Sende- und dem Zielnetzwerk mehrere parallele WAN-Strecken, dann kann das RIP nicht die schnellste Übertragungsstrecke wählen.

Routing Information Protocol (RIP)

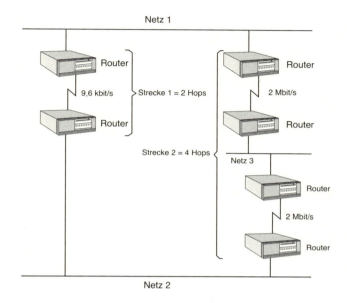

Abbildung 3.3. Nicht berücksichtigte Leitungskapazitäten

Wie in Abbildung 3.3 dargestellt, bestehen zwischen Netzwerk 1 und Netzwerk 2 mehrere Verbindungen mit folgenden Übertragungsgeschwindigkeiten: Strecke 1 = 9,6 Kb/s, Strecke 2 = 2 Mbit/s und Strecke 3 = 2Mb/s. Durch die unterschiedlichen Hop Counts (Netzwerk 1 nach Netzwerk 2 via Strecke 1 = 2 Hop, Netzwerk 1 nach Netzwerk 2 via Strecke 2 und Strecke 3 = 4 Hops) werden die Daten zwischen Netzwerk 1 und Netzwerk 2 – unabhängig von der verfügbaren Bandbreite auf den WAN-Übertragungsstrecken – immer über die Strecke 1 gesendet.

Poll-Mechanismus

Alle aktiven RIP-Router propagieren periodisch ihre Routing-Tabellen auf das Netzwerk. Durch diesen Mechanismus muß in größeren Netzwerken eine erhebliche Bandbreite zur Übermittlung dieser Tabellen zur Verfügung gestellt werden. Die Routing-Tabellen können so umfangreich werden, daß sie in mehreren aufeinanderfolgenden Datenpaketen verschickt werden müssen. Dies wirkt sich besonders bei WAN-Strecken mit einer niedrigen Datengeschwindigkeit aus.

3.4 Open Shortest Path First (OSPF)

Das Open Shortest Path First Protocol (OSPF) basiert auf dem Shortest Path First (SPF)-Algorithmus und zählt zu den hierarchischen Link State Protocols. In großen Netzwerken wird es oft als Interior Gateway Protocol (IGP) eingesetzt. Das OSPF-Protokoll setzt unmittelbar auf dem Internet Protocol (IP) auf und bietet im Vergleich zum RIP einen deutlich weiteren Funktionsumfang:

- definierbare Routing-Kosten
- Routing auf Basis frei definierbarer Services
- Load Balancing auf Übertragungsstrecken
- Definition von Network Partitions
- Routing Updates
- virtuelle Netztopologie
- OSPF Authentification

Routing-Kosten

Das OSPF-Protokoll ist so konzipiert, daß die Routing-Kosten (d.h. die Kosten für die Übertragungsstrecke) bereits im Routing-Mechanismus berücksichtigt werden können. Der Netzwerkadministrator kann im Routing Metric-Feld der Schnittstelle zum Netzwerk (LAN und WAN) einen Wert zuordnen, der den Leitungskosten entspricht. Anhand dieser Parameter wird der Datenverkehr gesteuert.

Die Leitungskosten setzen sich aus mehreren Parametern zusammen:

- Lastaufkommen auf dieser Leitung
- Verzögerung der Leitung
- verfügbare Bandbreite der Leitung
- aktuell entstehende Kosten für die jeweilige Leitung

Sind die Kosten für die Schnittstelle definiert, kann ein OSPF-Router die Aufwendungen für die verfügbaren Übertragungsstrecken vergleichen und den Datenverkehr auf die kostengünstigste Strecke leiten.

Service Routing

Das OSPF-Protokoll unterstützt den Netzwerkmanager bei der Abwägung der Kosten und dem Abgleich der zur Verfügung stehenden Leitungskapazitäten. In das OSPF-Protokoll wurden Parameter integriert, die ein Routing anhand des jeweiligen Dienstes ermöglichen. Abhängig vom verwendeten Dienst (hoher Durchsatz, geringe Verzögerung) können beim OSPF-Protokoll mehrere Routen zu einem Zielnetzwerk definiert werden. Der OSPF Router untersucht anhand der vorgegebenen Masken die Zieladresse und das Typ-of-Service-Feld im IP-

Header eines zu routenden Datenpakets und transportiert die Daten über die für diesen Service vorgegebene Route. Durch die Flexibilität, welche die Option bietet, können beispielsweise LAN- und WAN-Ressourcen besser ausgenutzt werden. Der Netzwerkmanager kann seine File Transfers über eine langsame Leitung (geringe Kosten mit relativ langer Verzögerung) und den gesamten interaktiven Telnet-Terminalverkehr (Remote Login) über eine gesonderte Hochgeschwindigkeitsleitung übermitteln.

Load Balancing

In einem OSPF-Netzwerk können mehrere unabhängige Wege zu einem Zielnetzwerk definiert werden. Den Routen können gleichwertige Kosten zugeordnet werden. Durch diesen einfachen Mechanismus ist es möglich, die Daten gleichmäßig auf die Übertragungsstrecken zu verteilen. Das OSPF-Protokoll ist das erste Protokoll innerhalb der IGP-Protokollfamilie, das den Load Balancing-Dienst unterstützt.

Network Partitions

Große Netzwerke wachsen immer weiter, daher wurde bei der Ausarbeitung des OSPF-Protokolls besonderer Wert darauf gelegt, Netzwerke einfach und effizient verwalten zu können. Ein OSPF-Netzwerk kann in mehrere Bereiche (Partitionen; Areas) gegliedert werden. Jeder Bereich verwaltet sich selbst, und seine Topologie kann von anderen Bereichen nicht abgefragt werden. So kann sich jeder Bereich strukturell verändern; ohne daß andere Bereiche davon berührt werden. Die reibungslose Kommunikation zwischen den Bereichen bleibt gewährleistet.

Routing Updates

Die Update-Mechanismen wurden so konzipiert, daß das Datenaufkommen durch Routing-Datenpakete minimiert wird und die gesamte Bandbreite der Übermittlungsleitung den zu übermittelnden Datenpaketen zur Verfügung steht. Das OSPF-Protokoll unterscheidet sich von allen anderen Distance Vector Routing-Protokollen dadurch, daß die Routing-Tabellen nur dann aktualisiert werden, wenn sich der Status einer Verbindung tatsächlich geändert hat. Da Routing Updates immer nur innerhalb eines definierten Bereichs versendet werden, reduziert sich die Anzahl der Routing-Datenpakete erheblich.

Virtuelle Netzwerktopologie

Um die Verfügbarkeit und die Flexibilität seines Netzwerks zu steigern, kann der Netzwerkmanager beim OSPF-Protokoll eine virtuelle Netzwerktopologie definieren, die unabhängig von den gegebenen physikalischen Verbindungen sein kann. So ist beispielsweise eine virtuelle Verbindung zwischen zwei Routern definiertbar, die real zahlreiche Datennetze und Router überspannt. Durch die Aufteilung des Netzwerks in einzelne Bereiche ergibt sich die Möglichkeit, den

Overhead durch das Routing-Protokoll zu reduzieren. Ein Bereich, der ein oder mehrere IP-Netze mit Subnetzen enthält, ist weitgehend autonom. Bereichsspezifische Informationen über die Teilnetzwerkstruktur müssen also nicht über die Grenzen des Bereichs hinaus propagiert werden. Außerdem muß nicht jeder Router innerhalb eines Bereichs die gesamte Struktur des übergeordneten autonomen Systems kennen. Eine OSPF-Topologie ist hierarchisch aufgebaut.

Die Ebenen der OSPF-Topologie:

- Netz
- Bereich (Gruppe von Netzwerken)
- Backbone (Verbindung von Bereichen)
- autonomes System (Zusammenfassung der über das Gesamtnetzwerk verbundenen Netze)

Entsprechend lassen sich Router in OSPF-Topologien in verschiedene Kategorien einteilen:

Interne Router
Bei internen Routern liegen sämtliche direkt angeschlossene Netze innerhalb eines Bereichs. Ebenfalls werden Router, die nur auf dem Backbone routen, als interne Router bezeichnet, da das Backbone als eigener Bereich angesehen wird.

Designierte Router
Designierte Router tauschen stellvertretend für sämtliche anderen in einem LAN vertretenen Router Topologie-Informationen mit anderen Netzwerken aus.

Area Border Router
Area Border Router verbinden einen Bereich mit dem Backbone oder zwei Bereiche miteinander.

Autonomous System Boundary Router
Diese Router unterhalten Verbindungen zu mindestens einem anderen autonomen System im Netzverbund und propagieren Erreichbarkeitsinformationen (Reachability Informations).

Beim OSPF-Protokoll wird zwischen Intra und Inter Area Routing unterschieden. Das Intra Area Routing spielt sich ausschließlich innerhalb eines Bereichs ab. Es werden nur die bereichsinternen Topologiedaten übermittelt. Erst wenn ein Datenpaket über Bereichsgrenzen hinaus geroutet werden muß (Inter Area Routing), kommen Inter Area-Informationen zum Einsatz. Hierdurch wird der Overhead des Protokolls reduziert. Außerdem trägt die streng hierarchische Gliederung zur Stabilisierung des Algorithmus bei. Der Austausch von Topologie-Informationen nennt sich Advertising. Die einzelnen Router verschicken Advertisements, in denen sie ihre Link States bekanntgeben.

OSPF Authentification

Das OSPF-Protokoll schreibt vor, daß alle Informationen zwischen OSPF-Routern gesichert übermittelt werden müssen. Mehrere Sicherungsmechanismen sind festgelegt. Außerdem können einzelne Bereiche unterschiedliche Sicherungsmechanismen nutzen. Die Designer des OSPF-Protokolls begrenzten so die Anzahl der Router, die Routing-Informationen verbreiten können. Nur ausgewählte Router können innerhalb des Netzwerks Routing-Informationen übermitteln. Damit wird ausgeschlossen, daß falsche oder nicht-autorisierte Routen innerhalb eines Netzwerks propagiert werden.

1. Byte (Oktett)	2. Byte (Oktett)	3. Byte (Oktett)	4. Byte (Oktett)
VERSION (1)	TYP	PAKETLÄNGE	
SOURCE GATEWAY IP-ADRESSE			
AREA ID			
PRÜFSUMME		AUTHENTICATION TYPE	
AUTHENTICATION (BYTE 0-3)			
AUTHENTICATION (BYTE 4-7)			

Abbildung 3.4. Fester 24-Byte-OSPF-Daten-Header

1. Byte (Oktett)	2. Byte (Oktett)	3. Byte (Oktett)	4. Byte (Oktett)
OSPF HEADER TYP = 1			
NETZWERKMASKE			
DEAD TIMER		HELLO-INTERVALL	ROUTER PRIORTY
DESIGNIERTES GATEWAY			
BACKUP-GATEWAY			
NACHBAR 1 IP-ADRESSE			
NACHBAR 2 IP-ADRESSE			
...			
NACHBAR N IP-ADRESSE			

Abbildung 3.5. OSPF Hello Message-Header-Format

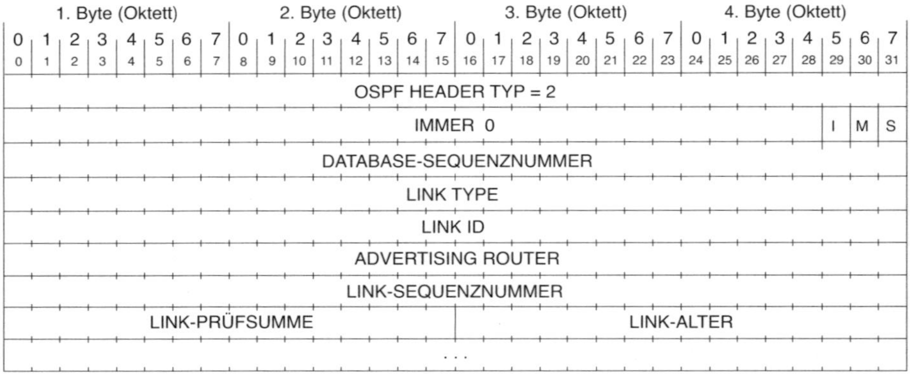

Routing-Protokolle

```
    1. Byte (Oktett)      2. Byte (Oktett)      3. Byte (Oktett)      4. Byte (Oktett)
0 1 2 3 4 5 6 7 | 0 1 2 3 4 5 6 7 | 0 1 2 3 4 5 6 7 | 0 1 2 3 4 5 6 7
```

OSPF HEADER TYP = 2
IMMER 0 ... I M S
DATABASE-SEQUENZNUMMER
LINK TYPE
LINK ID
ADVERTISING ROUTER
LINK-SEQUENZNUMMER
LINK-PRÜFSUMME ... LINK-ALTER
...

Abbildung 3.6. OSPF Database Description-Header-Format

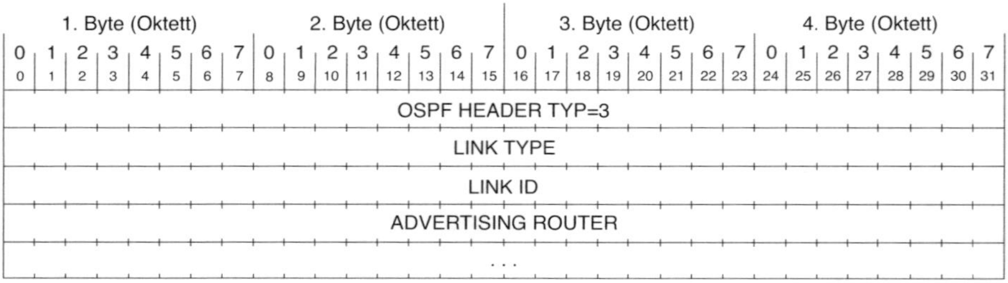

OSPF HEADER TYP=3
LINK TYPE
LINK ID
ADVERTISING ROUTER
...

Abbildung 3.7. OSPF Link Status Request-Header-Format

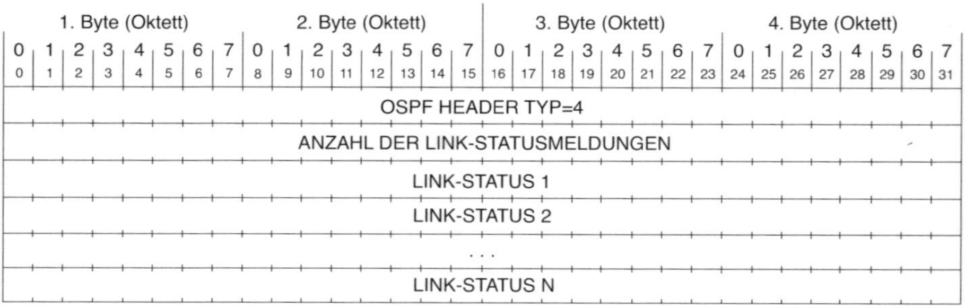

OSPF HEADER TYP=4
ANZAHL DER LINK-STATUSMELDUNGEN
LINK-STATUS 1
LINK-STATUS 2
...
LINK-STATUS N

Abbildung 3.8. OSPF Link Status Update Header-Format

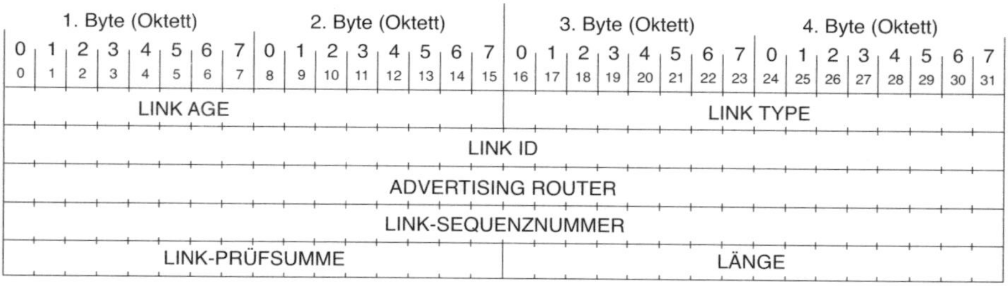

1. Byte (Oktett)	2. Byte (Oktett)	3. Byte (Oktett)	4. Byte (Oktett)
LINK AGE		LINK TYPE	
LINK ID			
ADVERTISING ROUTER			
LINK-SEQUENZNUMMER			
LINK-PRÜFSUMME		LÄNGE	

Abbildung 3.9. OSPF Link Status Advertisement Header-Format

OSPF bietet gegenüber den meisten Distance Vector-Protokollen wesentliche Vorteile. Die Konvergenzgeschwindigkeit von OSPF ist sehr hoch. Die Netzwerkbelastung durch OSPF ist – im Vergleich zu Distance Vector-Protokollen – sehr gering. Besonders für große und komplexe Netzwerke gilt das OSPF-Protokoll infolge seiner Flexibilität als das Routing-Protokoll der Wahl. Doch auch OSPF ist nicht vollkommen, es stellt hohe Ansprüche an die Ressourcen, die die Router-Hersteller berücksichtigen müssen.

3.5 Exterior Gateway-Protokolle

Die Exterior Gateway-Protokolle dienen der Verbindung von Internetworks und werden zwischen Routern eingesetzt, die als Zugänge zu autonomen Systemen definiert sind. Wie bei den Interior Gateway-Protokollen (IGPs), gibt es auch bei den EGP-Protokollen verschiedene Verfahren. Die bekanntesten Exterior Gateway-Protokolle sind das Exterior Gateway Protocol (EGP) und das Border Gateway Protocol (BGP).

3.6 Exterior Gateway Protocol (EGP)

Das Exterior Gateway Protocol (EGP) wird nur zwischen Routern eingesetzt, die als Zugänge zu autonomen Systemen definiert sind. Das EGP-Protokoll geht davon aus, daß diese Übergänge nur über bestimmte Router, die Core Gateways, erfolgen können. Ein autonomes System ist ein Verbund von Routern und Netzwerken, die alle zu einer Organisation gehören. Innerhalb eines autonomen Systems tauschen die Router über verschiedene Interior Gateway Protocols (IGPs) Routing-Informationen aus. Jedes autonome System identifiziert sein Partnersystem durch Nummern, die vom Stanford Research Institut (SRI) festgelegt und veröffentlicht werden.

Routing-Protokolle

Das EGP regelt das Routing zwischen verschiedenen autonomen Systemen. Dieses universelle Protokoll ermöglicht die transparente Kommunikation der einzelnen in einem Internet zusammengeschlossenen autonomen Systeme. Die Wege eines Datenpakets durch ein Internetwork und die Anzahl der dabei durchquerten autonomen Systeme sollte für den Endbenutzer vollkommen transparent sein. Um zwischen zwei autonomen Systemen Routing-Informationen auszutauschen, wurden für das EGP drei Mechanismen spezifiziert.

Nachbar-Akquisition (Neighbor Acquisition)

Bei der Nachbar-Akquisition vereinbaren die am Prozeß beteiligten Router, Routing-Informationen auf Basis des EPG auszutauschen.

Test aller bekannten Nachbarn (Neighbor Reachability Monitoring)

Bei diesem Verfahren testen Router periodisch, ob ihr direkter Nachbar noch aktiv ist. Der Router sendet periodische Hello-Meldungen zum Nachbarsystem und erwartet hierauf eine Antwort in Form von „Ich habe dich verstanden" (I-Heard-You).

Kontinuierliche Aktualisierung aller Routing-Informationen

Durch den periodischen Austausch von Routing-Update-Meldungen gibt jeder Router bekannt, welche Netzwerke er direkt erreichen kann.

1. Byte (Oktett)	2. Byte (Oktett)	3. Byte (Oktett)	4. Byte (Oktett)
0 1 2 3 4 5 6 7	0 1 2 3 4 5 6 7	0 1 2 3 4 5 6 7	0 1 2 3 4 5 6 7
0 1 2 3 4 5 6 7	8 9 10 11 12 13 14 15	16 17 18 19 20 21 22 23	24 25 26 27 28 29 30 31
EGP VERSION	TYPE	CODE	STATUS
PRÜFSUMME		AUTONOMOUS SYSTEMS NUMBER	
SEQUENZNUMMER			

Abbildung 3.10. EGP Message Header

Acquisition Message

Bei der Nachbar-Akquisition nimmt ein Router durch Aussenden von Meldungen, die Kommunikation zu einem anderen Router auf. Der Kommunikationspartner wird durch den Administrator des jeweiligen Routers festgelegt. Die Neighbor Acquisition Messages legen das Intervall fest, in dem die beiden Router Informationen austauschen.

Border Gateway Protocol (BGP)

1. Byte (Oktett)	2. Byte (Oktett)	3. Byte (Oktett)	4. Byte (Oktett)
EGP VERSION	TYPE	CODE	STATUS
PRÜFSUMME		AUTONOMOUS SYSTEMS NUMBER	
SEQUENZNUMMER		HELLO-INTERVALL	
POLL-INTERVALL			

Abbildung 3.11. Neighbor Acquisition Message Header

Neighbor Reachability Message

Beim EGP werden zwei Modi unterschieden, mit denen ein Nachbarsystem erkannt werden kann. Im aktiven Modus sendet ein Router aktiv zu einem Nachbarsystem periodische Hello-Meldungen aus und erwartet auf diese Meldungen eine „I-Heard-You"-Antwort. Im passiven Modus verläßt sich ein Router vollkommen auf seinen Nachbarn, der periodisch Hello- oder Poll-Meldungen sendet. In der Regel arbeiten immer beide Nachbargeräte im aktiven Modus.

1. Byte (Oktett)	2. Byte (Oktett)	3. Byte (Oktett)	4. Byte (Oktett)
EGP-VERSION	TYPE	CODE	STATUS
PRÜFSUMME		AUTONOMOUS SYSTEM NUMBER	
SEQUENZNUMMER			

Abbildung 3.12. Neighbor Reachability Message Header

Im Laufe der Jahre stellte sich heraus, daß das EPG-Protokoll den Anforderungen des Internet nicht mehr gewachsen war. Unter bestimmten Bedingungen konnten keine Routing Loops in Multi-Path-Netzwerken abgefangen werden. Da das EGP-Protokoll keine Metrik unterstützt, kann es keine intelligenten Routing-Entscheidungen treffen. Daher wurde das EGP-Protokoll im Internet durch das Border Gateway Protocol (BGP) abgelöst.

3.7 Border Gateway Protocol (BGP)

Das Border Gateway Protocol (BGP) stellt einen Versuch dar, die größten Probleme des Exterior Gateway Protocol (EGP) zu lösen. Wie beim Exterior Gateway-Protokoll handelt es sich beim Border Gateway Protocol um ein Inter Domain Routing Protocol zur Verbindung von autonomen Systemen. Die zwischen BGP-Routern ausgetauschten Routing-Informationen enthalten alle Daten (Metriken) über den Pfad zwischen den autonomen Systemen, der von einem Datenpaket durchquert werden muß, um das Zielnetzwerk zu erreichen. Die BGP-Metriken benutzen nur solche Informationen, die der Netzwerkmanager dem Router bei der Konfiguration zuweist.

Das BGP-Protokoll bietet gegenüber anderen Protokollen zahlreiche zusätzliche Möglichkeiten, da sich die Wichtigkeit der einzelnen Wege anhand der physikalischen Gegebenheiten (zum Beispiel Anzahl der zu durchquerenden autonomen Systeme, Leitungsgeschwindigkeit und Zuverlässigkeit der Verbindung) festlegen läßt. Das BGP trägt auch der lokalen Routing-Politik Rechnung, denn der Netzwerkmanager kann bestimmte Routen zwischen autonomen Systeme als unzulässig erklären. Anhand dieser Informationen kann das BGP-Protokoll definierte Graphen erstellen. Diese stellen die Beziehungen der autonomen Systeme zueinander dar und verhindern Routing Loops. Ein BGP Router propagiert seinen Kommunikationsnachbarn nur solche Routen, die von dem Gerät benutzt werden. Zur Übermittlung der Routing Updates wird zwischen zwei BGP Routern das Transmission Control Protocol (TCP) verwendet. Dadurch wird sichergestellt, daß ein zuverlässiger und sicherer Übermittlungsvorgang stattfindet. In das BGP-Protokoll wurde auch ein Mechanismus zur Authentifizierung der Datenpakete mittels digitaler Unterschriften implementiert.

BGP im Betrieb

Zum Austausch von Routing-Informationen muß ein Router eine TCP-Verbindung zu einem BGP-Nachbarn aufbauen. Die beiden BGP-Systeme einigen sich über die jeweiligen Verbindungsparameter und tauschen anschließend die vollständigen Routing-Tabellen aus. Alle Änderungen in den Routing-Tabellen werden während des Router-Betriebs über inkrementelle Updates propagiert, so daß nicht bei jeder Änderung die gesamte Routing-Tabelle neu übertragen werden muß. Periodisch senden die Router „Keepalive"-Datenpakete zu ihren Nachbarn und testen damit, ob die Verbindung zum Kommunikationspartner noch besteht. Im Fehlerfall oder bei besonderen Ereignissen werden spezielle Benachrichtigungen übermittelt. Bei der Feststellung eines Fehlers wird sofort nach dem Absenden der Fehlerbenachrichtigung die Verbindung unterbrochen.

Verfügt ein autonomes System über mehrere BGP-Systeme, die BGP-Informationen propagieren und gleichzeitig einen Transitdienst für andere autonome Systeme leisten, müssen besondere Vorkehrungen zur Sicherstellung einer konsistenten Routing-Information innerhalb des betreffenden autonomen Systems getroffen werden. Für die Konsistenz der Routing-Informationen innerhalb des autonomen Systems sind die Interior Routing-Protokolle zuständig. Die Beständigkeit sämtlicher externer Routen wird innerhalb eines autonomen Systems dadurch erreicht, daß alle BGP Router eine direkte Verbindung zueinander aufrechterhal-

Border Gateway Protocol (BGP)

ten. Anhand der vom Netzwerkmanager festgelegten Parameter kann auch in einem verteilten BGP-Netzwerk zwischen den BGP-Routern Einigkeit darüber erzielt werden, welcher Border Router als Zugangs- beziehungsweise Ausgangspunkt für das betreffende Netzwerk außerhalb des lokalen autonomen System agiert.

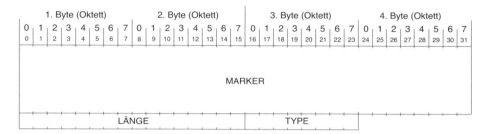

Abbildung 3.13. BGP Message Header-Format

Open Message Format

Nachdem eine vollständige Transportverbindung zwischen zwei BGP Routern aufgebaut wurde, wird als erste Meldung eine Open Message übertragen. Wurde die Open Message vom Kommunikationspartner akzeptiert, wird deren Empfang mit einer Keepalive-Meldung bestätigt, und es können im Betrieb untereinander die Update-, Keepalive- und Notification-Meldungen übermittelt werden.

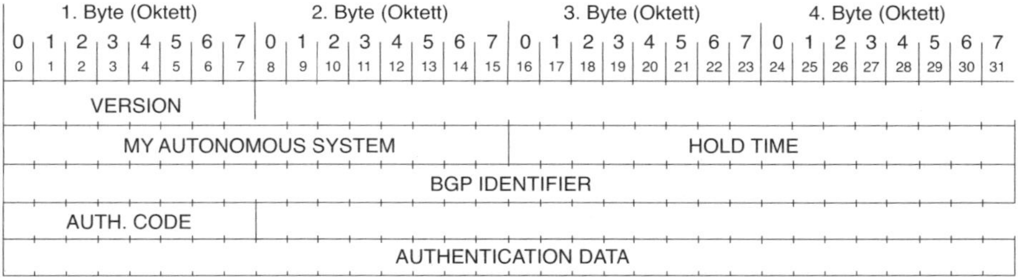

Abbildung 3.14. BGP Open Message Header-Format

Update-Meldungen

Update-Meldungen werden zum Informationsaustausch zwischen zwei BGP Routern eingesetzt. Anhand dieser Daten werden vom Empfänger Graphen konstruiert, die Routen zu unterschiedlichen autonomen Systemen beschreiben. In einer Update-Meldung wird immer nur eine Route zu einem BGP-Partner defi-

Routing light

niert. Jedoch können mit einer Update-Meldung mehrere derzeit nicht mehr verfügbare Routen bekannt gegeben werden. Eine Update-Meldung besteht immer aus dem festen BGP Message Header und kann zusätzlich noch folgende Felder enthalten:

| Unfeasible Routes Length (2 Oktette) |
| Withdrawn Routes (variabel) |
| Total Path Attribute Length (2 Oktette) |
| Path Attributes (variabel) |
| Network Layer Reachability Information (variabel) |

Abbildung 3.15. BGP Update Message Header-Format

Notification-Meldung

Eine Notification-Meldung wird von einem BGP Router nur dann gesendet, wenn ein Fehler registriert wurde. Nach dem Aussenden der Notification-Meldung wird die BGP-Verbindung automatisch unterbrochen. Eine Notification-Meldung besteht aus dem festen BGP Message Header, an den folgende Felder angehängt werden:

1. Byte (Oktett)	2. Byte (Oktett)	3. Byte (Oktett)	4. Byte (Oktett)
0 1 2 3 4 5 6 7	0 1 2 3 4 5 6 7	0 1 2 3 4 5 6 7	0 1 2 3 4 5 6 7
0 1 2 3 4 5 6 7	8 9 10 11 12 13 14 15	16 17 18 19 20 21 22 23	24 25 26 27 28 29 30 31
ERROR CODE	ERROR SUBCODE	DATA	

Abbildung 3.16. BGP Notification Message Header-Format

3.8 Frame Relay-Technik im WAN

Die Frame Relay-Technik bietet die Vorteile eines Paketvermittlungsnetzes. Hierzu zählen die vermaschte ausfallsichere Netzwerkstruktur und die gemeinsame Nutzung der Bandbreite. Gleichzeitig werden hohe Geschwindigkeiten bereitgestellt. Dies war im Weitverkehrsbereich bisher nur über Festverbindungen zu realisieren. Damit überwindet Frame Relay die Unzulänglichkeiten des traditionellen WAN-Angebots und empfiehlt sich vor allem für LAN-Anwender, die für Datenübertragungen zwischen ihren Standorten hohe Bandbreiten benötigen, diese aber nicht kontinuierlich ausnutzen. Die Bereitstellung von Frame Relay in kleinen, flexibel ausbaubaren Multiservice-Switches, die gleichzeitig Schnittstellen zu heutigen und zukünftigen Weitverkehrsnetzwerken bieten, eröffnet den Netzwerkbetreibern neue Perspektiven.

Für die LAN-LAN-Kopplung werden nach wie vor überwiegend Festverbindungen eingesetzt, da sie in allen Bandbreitenvarianten flächendeckend zur Verfügung stehen. Gegen Festverbindungen spricht jedoch, daß die Dienste für den burst-artigen Verkehr in LANs nicht flexibel genug ausgelegt sind. Der LAN-Verkehr ist dadurch charakterisiert, daß auf Zeiten mit sehr häufigen beziehungsweise bandbreitenintensiven Datenübertragungen solche mit keiner oder geringer Auslastung folgen. Werden zu Spitzenzeiten ausreichend Übertragungskapazität benötigt, müssen Netzwerkbetreiber daher ausreichend Leitungen mieten oder auf Alternativen (beispielsweise Wählverbindungen) ausweichen. Zudem müssen die Leitungen auch dann bezahlt werden, wenn sie nur gering oder gar nicht genutzt werden.

Paketvermittlungsnetze basieren auf dem Prinzip der logischen Mehrfachausnutzung. Statt eine Leitung zwischen zwei Endpunkten konstant durchzuschalten, wird ein fest eingerichtetes Leitungsnetz mehreren Benutzern angeboten. Es wird davon ausgegangen, daß die Teilnehmer die zur Verfügung stehende Übertragungskapazität nur zu einem bestimmten Prozentsatz gleichzeitig in Anspruch nehmen und dadurch eine dynamische Aufteilung möglich ist. Durch die gemeinsame Nutzung der Leitungen für verschiedene Anwendungen ist eine effizientere Nutzung des Netzwerks möglich. Außerdem ist nur die tatsächlich in Anspruch genommene Bandbreite zu bezahlen. Daß die herkömmlichen X.25-Netze trotzdem kaum für die LAN-LAN-Kopplung genutzt werden, liegt daran, daß sie nur für Geschwindigkeiten von 9,6 Kbit/s bis 64 Kbit/s entwickelt wurden. Die integrierten Fehlerkorrekturverfahren sind sehr aufwendig, so daß mit jedem Datenpaket ein erheblicher Daten-Overhead und damit eine Verzögerung verbunden ist. Genau hier setzt Frame Relay an.

Frame Relay überläßt die Fehlerprüfung und -korrektur größtenteils den Protokollen der oberen Schichten. Die Erkennung und nochmalige Übertragung von fehlerhaften Datenpaketen leisten die Endgeräte und nicht, wie bei X.25, der Switch. Dies vereinfacht die Paketverarbeitung in den Netzwerkknoten und ermöglicht höhere Geschwindigkeiten, derzeit bis zu 34 Mbit/s. Eine Verschiebung der Fehlererkennung und -korrektur in die Endgeräte ist auch deshalb möglich, weil die heutigen digitalen Übertragungsnetze eine weit bessere Übertragungsqualität bieten, als das analoge Netzwerk zu Zeiten der Entwicklung des X.25-Protokolls.

Wie X.25 ist auch Frame Relay ein paketorientiertes Protokoll, das Bandbreite nach dem Bedarfsprinzip und individuell für bestimmte Verkehrsströme bereitstellt. Beide Protokolle nutzen Quell- und Zieladressen für die Weiterleitung der Datenpakete. Gemeinsam ist ihnen, daß sie Endgeräte über virtuelle Kanäle zusammenschließen, die Verbindungen überwachen und den Verkehrsfluß verfol-

Routing-Protokolle

gen. Zudem können sie über nur eine physikalische Leitung mehrere virtuelle Kanäle verbinden. Letzteres ist für die meisten Unternehmen interessant, da über eine einzige WAN-Schnittstelle ein virtuelles vermaschtes Netzwerk aufgebaut werden kann. Unterschiedliche Verkehrstypen, zum Beispiel SNA-Verkehr und Datenverkehr aus Multiprotokoll-LANs, können über separate virtuelle Kanäle geleitet werden, wobei es möglich ist, Prioritäten zu vergeben. Der Vorteil von Frame Relay liegt in einer besseren Ausnutzung der zur Verfügung stehenden Leitungskapazität durch Mehrfachausnutzung und Teilung der Bandbreite bei gleichzeitig höheren Übertragungsgeschwindigkeiten. Dies kann sich auch auf die Kostenstruktur des Anwenders positiv auswirken. Im Vergleich zu Festverbindungen können beispielsweise Leitungen reduziert und Hardware-Kosten eingespart werden.

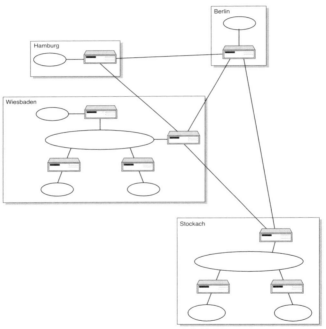

Abbildung 3.17. WAN-Struktur mit Standleitungen

Festverbindungsnetze bestehen aus Punkt-zu-Punkt-Verbindungen. Für Punkt-zu-Punkt-Netze werden am Hauptsitz eines Unternehmens „n"-Router-Ports für „n"-Mietleitungen sowie „n"-Data Service Units (DSUs) benötigt, und in den Außenstellen mindestens eine DSU und ein Router pro Mietleitung. Mit Frame Relay lassen sich die Verbindungen konzentrieren, die von der Zentrale zu den einzelnen Standorten verlaufen. Dies wirkt sich automatisch auf die Hardware aus. Der Router in der Zentrale muß über nur eine WAN-Schnittstelle und eine vorgeschaltete DSU verfügen. Zusätzlich zu Hardware- und Leitungseinsparungen können sich dadurch Kostenvorteile ergeben, daß die Leitungen nicht konstant angemietet und bezahlt werden müssen. Die Kosten können nach dem Nutzungsprinzip weiterberechnet und mit anderen Teilnehmern, die das Netzwerk ebenfalls beanspruchen, geteilt werden.

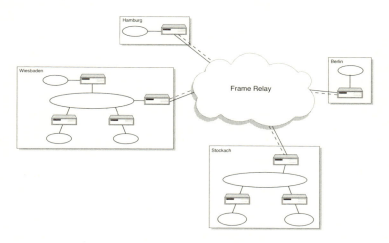

Abbildung 3.18. Vereinfachung der Netzwerkstruktur mit Frame Relay

Gleichzeitig reduziert sich der Verwaltungsaufwand, da die Netzwerkstruktur übersichtlicher und Frame Relay als Schicht-2-Dienst einfacher als ein Multiprotokoll-Routernetz zu verwalten ist. In Router-Netzwerken muß beispielsweise für jedes Netzprotokoll das Adressierungsschema, das Routing-Protokoll und die Verkehrsflußsteuerung einzeln definiert und die Ressourcen des Routers entsprechend zugeteilt werden – und dies an jedem Standort. Bei Frame Relay hingegen werden Standorte einfach durch Installation der entsprechenden Zugangsschnittstelle und durch Konfiguration einer permanenten virtuellen Verbindung (PVC) in das Netzwerk integriert. Über diese können alle LAN-typischen Protokolle, wie TCP/IP, SNA oder NetBIOs, transparent übertragen werden. Kommen zusätzliche oder bandbreitenintensive Anwendungen hinzu, kann dem veränderten Verkehrsaufkommen dadurch Rechnung getragen werden, daß für diese Anwendungen mehr Bandbreite reserviert wird. Das Frame Relay-Protokoll ist im Vergleich zu anderen WAN-Technologien (beispielsweise dem Switched Multimegabit Data Service/SMDS) einfach aufgebaut. Diese eignen sich ebenfalls für die Übertragung von LAN-Verkehr über das WAN, sind aber – vor allem durch die Verwendung der E.164-Adressierung – weitaus komplizierter. Die Implementation ist dadurch kostenintensiver.

3.9 Kombinierte Router/WAN-Switches

Frame Relay-Netze bieten technische und wirtschaftliche Vorteile. Daher sind sie für Unternehmen interessant, die ihre Standorte bereits vernetzt haben, jedoch höhere Bandbreiten benötigen, oder ihre Übertragungskapazitäten effektiver nutzen und Leitungen einsparen möchten. Die Umstellung von bestehenden Router-Festnetzen auf Frame Relay-Netze erleichtern Systeme, die beide Funktionen in einem Chassis bereitstellen: Routing und Bridging sowie die Switch-Funktionen eines Frame Relay-Knotens. Sie können sowohl als Frame Relay Switch Core als auch als Routing Edge Devices eingesetzt werden. Mit dem zunehmenden Bedarf an standortübergreifender LAN-LAN-Kopplung und im Zuge der Privatisierung des Telekommunikationsmarktes gewinnt Frame Relay an Attraktivität. Daher bieten viele Hersteller inzwischen Software-Datenpakete für ihre Router an, die den Übergang zu Frame Relay ermöglichen. Ein solcher Router kann sowohl als WAN-Kern-Switch zum Aufbau von WAN-Backbone-Netzwerken als auch als Zugangsknoten zu anderen WANs – beispielsweise zum SMDS – oder zum zukünftigen öffentlichen ATM-Overlay-Netz eingesetzt werden. Gleichzeitig behält er seine Router-Funktionalität. Damit adressieren diese Systeme einen im Zuge der Liberalisierung neu entstehenden Markt. Netz- und Service-Provider gehen dazu über, ihren Kunden vollständige LAN- und WAN-Lösungen anzubieten, oder den Betrieb des unternehmensweiten Netzwerks als „Outsourcer" zu übernehmen. Damit wird die historisch gewachsene Trennung in LAN/WAN- und Netz/Service-Provider aufgehoben. Die Anbieter werden ihr Leistungsangebot sowohl auf die Bereitstellung von LAN- und WAN-Komponenten als auch auf Support-Leistungen und Netzdienste erweitern.

	X.25	Frame Relay
Übliche Übertragungsgeschwindigkeiten	9,6 kbit/s bis 64 kbit/s	64 kbit/s bis 34 Mbit/s
Daten-Overhead	hoch	gering
Qualität der Verbindung	gering	zuverlässig
CRC-Prüfung	an jedem Switch (Hop)	in den Endgeräten

Tabelle 3.1. Vergleich zwischen den X.25 und den Frame Relay-Diensten

4 Remote Access

Vergleichbar mit dem Siegeszug der lokalen Netze (LANs) in der Kommunikationsindustrie erobert jetzt die Remote Access-Technologie die Small Office- (So) und Home Office- (Ho) Märkte. Die Verbindungen zwischen den Standorten werden über Wählfunktionen und neue Kommunikationsverfahren realisiert, dabei spielt verfügbare Bandbreite nach Bedarf eine wichtige Rolle. Ursache der wachsenden Nachfrage nach Remote Access-Lösungen, ist die Notwendigkeit des Datenaustauschs zwischen verschiedenen Standorten und die zunehmende Zahl mobiler Anwender (Telecommuters), die mit Laptops oder Notebooks arbeiten. Die entstehende Netzwerkstruktur kann mit einem Straßennetz verglichen werden. Wählverbindungen übernehmen die Funktionen von Landstraßen, und ermöglichen die Übertragung des gesamten Datenverkehrs über die Datenautobahn eines Unternehmens.

Der Remote-Zugriff zwischen LANs und von den Remote Clients auf LANs wird als „LAN Outer Networks" (LON) bezeichnet. Auf dieser Technologie basieren zahlreiche neue Anwendungen und Kommunikationsbeziehungen, die mobile Benutzer und mobile Anwendungen in ein Gesamtsystem integrieren. In den USA und in Kanada hat sich diese Idee bereits durchgesetzt. Viele große Unternehmen arbeiten bereits mit solchen Datennetzwerken. Da es für den einzelnen Mitarbeiter immer zeitaufwendiger und kostenintensiver wird, an den Arbeitsplatz zu gelangen, schaffen Unternehmen eine Brücke zwischen dem logischen und dem physikalischen Arbeitsplatz. In gewissen Funktionen und Bereichen eines Unternehmens muß ein Mitarbeiter nicht mehr vor Ort arbeiten, sondern kann über eine Kommunikationsverbindung direkt auf die Firmenressourcen zugreifen. Dadurch läßt sich die Anwesenheit des einzelnen Mitarbeiters im Unternehmen auf ein Minimum reduzieren. Dieser spart nicht nur lange Anfahrtswege, sondern kann auch seine Arbeitszeit individueller einteilen. Bei Untersuchungen in Los Angeles wurde festgestellt, daß die Arbeitszufriedenheit der Telearbeiter deutlich zunahm und die Produktivität des Einzelnen um bis zu vierunddreißig Prozent anstieg.

Die mobilen Benutzer im SoHo-Markt, sind nicht mehr mit langsamen, unzuverlässigen Verbindungen zufriedenzustellen, sondern fordern einen schnellen und zuverlässigen Zugang zu den LAN-Ressourcen der Unternehmenszentralen. In Europa hat sich der Markt der Remote Connectivity wesentlich langsamer als in den USA entwickelt. Dies liegt zum Teil, an der noch geringen Zahl der Telearbeiter, aber auch an der etwas verhaltenen Ausbreitung der flächendeckenden Nutzung von E-Mail-Applikationen. Denn während in Europa das geschriebene Wort auf Papier im Zweifel immer noch Vorrang erhält, haben die elektronischen Kommunikationsmedien in den USA längst ihren Siegeszug angetreten.

Daß dieser hierzulande bisher ausgeblieben ist, liegt hauptsächlich an den Kosten für Remote Access-Dienste. Die unrealistisch hohen Tarife der Postmonopole führten dazu, daß die europäischen Telekommunikationsgesellschaften den Remote Access-Diensten jegliche ökonomische Grundlage entzogen. In der Vergangenheit waren beispielsweise die Kosten für Standleitungen in Europa zwischen fünfzig und dreihundert Prozent teurer als in den USA. Die Firmen beschränkten sich deshalb nur auf die Anbindung ihrer wichtigsten Außenstellen an das zentrale Netzwerk. Alle „unwichtigen" Netze wurden aus rein finanziellen Überlegungen nicht direkt angeschlossen. Das mangelnde Wettbewerb bei öffentlichen Carriern behinderte folglich die Entwicklung des Remote Access-Marktes.

Inzwischen sind die Monopole so weit aufgeweicht, daß von Seiten der Experten ein Remote Access-Boom erwartet wird. Dieser Trend wird durch den Faktor Wettbewerb in vielen Bereichen der Industrie noch zusätzlich verstärkt. Galten früher Begriffe wie „Time-to-Market" oder „kurze Kommunikationswege" als fortschrittsgläubige Traumtänzerei, so haben sie sich im immer schneller und härter werdenden Wettbewerb zu den Schlüsselfaktoren für ein modernes Unternehmen herauskristallisiert. Daher werden auch europäische Unternehmen zunehmend dazu übergehen, Remote Access-Technologien einzusetzen. Die meisten Firmen setzen sich aus zahlreichen kleineren Niederlassungen zusammen, deren geografische Verteilung notwendig ist, um auf die unterschiedlichen Bedürfnisse in den Regionen individuell reagieren zu können. Diese Unternehmen müssen infolge der härteren Wettbewerbsbedingungen mit der Anbindung ihrer Kommunikationsinseln beginnen. Außerdem fordern die mobilen Mitarbeiter (Außendienst) einen direkten Zugriff auf die für ihre tägliche Arbeit notwendigen Daten.

Die Anbindung der Kommunikationsinseln an das Internet verstärkt den Trend zu Highspeed Remote-Netzwerken. Die Einführung von Remote Access-Applikationen erfolgt in Europa über die ISDN-Dienste. Ursprünglich wurde die ISDN-Technik für die Integration von Sprache, Daten und Video über eine Leitung entwickelt. Inzwischen ist diese Technik in fast allen europäischen Ländern flächendeckend verfügbar und kann aufgrund ihrer Leistungsmerkmale für die Verbindungen im Bereich Remote Access eingesetzt werden. Hinsichtlich Bandbreite und Performance liegt ISDN gegenüber anderen Lösungen weit vorne. Die reinen analogen Modems werden heute nur noch in Regionen mit einer schlechten WAN-Infrastruktur eingesetzt. Auch fallen die Kosten für ISDN-Dienste kontinuierlich. Noch basieren die meisten Standleitungen in Europa auf 19.2 KBit/s-Leitungen. Durch zwei parallele ISDN-Kanäle mit einer Gesamtbandbreite von

128 KBit/s und den vergleichsweise geringen Installations- und Betriebskosten wird für die ISDN-Technik ein enormes Potential im Bereich des Folge- beziehungsweise des Verdrängungsgeschäfts prognostiziert. Neben den traditionellen Telekommunikationsgesellschaften etablieren sich zunehmend Internet Service Provider (ISPs) und bieten mit ihrer ISDN Access-Technik auch für Privathaushalte ein attraktives Angebot. Für mobile Anwender stellen die ISDN-Dienste trotz aller Funktionsvielfalt keine angemessene Lösung dar. So lange in Hotelzimmern, Flughafen-Lounges und öffentlichen Telefonzellen keine – oder nur im begrenzten Maße – einfach zu bedienenden ISDN-Anschlüsse implementiert sind, bleibt den mobilen Benutzern nichts anderes übrig, als mit alter Modemtechnik über das öffentliche Netzwerk oder mit Hilfe von GSM Hand-Sets zu kommunizieren.

Derzeit stehen drei Ansätze zur Realisierung der Remote-Connectivity mit ihren spezifischen Funktionen zur Verfügung:

- Remote Control
- Terminal-Emulation
- Remote Access Server

Remote Control

Die Remote Control-Technik ist die heute bekannteste Form des Remote-Access. Bei diesem Ansatz werden die am LAN angeschlossenen PCs zu Slaves für den Remote-PC. Bei diesen Produkten kann ein LAN- oder PC-Manager über eine Remote-Strecke auf einen Remote-PC zugreifen und diesen PC dem lokalen LAN zuordnen. Dadurch ist der Administrator in der Lage, die Probleme, die auf dem Remote-PC bestehen, zu analysieren und zu beheben. Darüber hinaus kann Remote Control auch für die Übermittlung von textbasierten Applikationen eingesetzt werden. Hierbei werden große Datenmengen zwischen den angeschlossenen Stationen transportiert. Das größte Problem der Dial-Up Remote-Anwendungen sind die nur in geringem Umfang integrierten Redundanzen und die relativ hohen Kosten. Jede Remote Control-Verbindung benötigt mindestens zwei PCs und zwei Modems, die der Verbindung fest zugeordnet sind. In punkto Netzwerksicherheit öffnet Remote Control dem Datenmißbrauch Tür und Tor.

Terminal-Emulation

Ein weiterer Ansatz zur Lösung des Dial Remote Access-Problems besteht in der Remote Terminal-Emulation. Durch die Terminal-Emulation wird eine Bridge für den Remote-Anwender zum entsprechenden Rechner am LAN geschaffen. Der Remote-Anwender greift dabei auf den lokalen Rechner zu, als ob er an einem lokal angeschlossenen Terminal arbeiten würde. Diese Anwendungen arbeiten mit verschiedenen Netzwerkprotokollen, zum Beispiel TCP/IP, 3270 und

Remote Access

DEC LAT. Terminal-Emulationen können für Electronic Mail-Funktionen eingesetzt werden und auf alle rechnerbasierten Applikationen (Accounting, Bestellwesen, Personalwesen, Auftragsbearbeitung) transparent zugreifen. Sie unterstützen allerdings keine Client/Server-Applikationen. Durch den asynchronen Charakter der Datenkommunikation werden zudem zahlreiche Datenpakete über das Netzwerk und die WAN-Verbindung geschleust und die Netzwerkressourcen sind schnell überlastet. Bestimmte Rechnerwelten, zum Beispiel DOS- oder Windows-PCs, unterstützen von ihrer Software-Architektur her nicht das Konzept der Remote-Anwender beziehungsweise der Remote Terminals. Auf diese Ressourcen kann deshalb über die Terminal-Emulation nicht zugegriffen werden.

Remote Access Server

Der neueste Ansatz im Remote Access-Markt ist der Einsatz von Remote Access Servern. Diese Geräte unterstützen sowohl die Client-to-LAN- als auch die LAN-to-LAN-Anbindungen über Standardtelefonleitungen. Remote Access-Server sind eine Kombination aus einem Router und der Modemtechnologie. Remote Access Server vermitteln Datenpakete zwischen den angeschlossenen Systemen transparent und suggerieren dem Remote-Rechner, am lokalen Netzwerk angeschlossen zu sein. Remote Access Server verfügen über eine integrierte Bandbreitenoptimierung. Langsame Wählleitungen verursachen daher bei der Kommunikation keinen Engpaß.

Remote Access Server vereinheitlichen unterschiedliche Kommunikationssysteme. Es ist unerheblich, ob ein Benutzer über ein LAN oder direkt von seinem PC aus mit der Zentrale kommuniziert. In der Zentrale kann der eingehende Datenverkehr auf die vorhandenen Ressourcen aufgeteilt werden; die bestehenden Wählleitungen (ähnlich einem Modempool) stehen zahlreichen Benutzern für den Zugriff zur Verfügung. Kontrolle und Sicherheit werden dadurch gewährleistet, daß nur wenige Zugangspunkte zum LAN bestehen und die Anwendungen nicht in ein Gesamtmanagement einbezogen werden. Für den Remote-Benutzer wirken alle File Transfers, Client/Server-Applikationen und Netzwerkanwendungen so, als sei er an das lokale Netzwerk angeschlossen. Remote Access Server verwenden das Point-to-Point-Protokoll (PPP), um die Daten zwischen den Geräten auf Basis des Internet Protocol (IP), des AppleTalk-Protokolls und des Novell IPX gesichert zu transportieren. PPP ist ein hochentwickeltes Protokoll, das für serielle Anwendungen optimiert wurde.

PPP garantiert folgende Funktionen:

- einheitliche Protokollschnittstellen
- verfügbare Bandbreite
- Datenkompression

Das größte Problem bei Remote Access Servern ist die verfügbare Datengeschwindigkeit der seriellen Strecken. Ein 10 Mbit/s-Ethernet oder ein 16 Mbit/s-Token-Ring haben eine wesentlich höhere Datenübertragungsrate als alle verfügbaren Wählmodems. Durch neue Modemtechnologien und Standards, zum Beispiel V.32 (9600 Bit/s), V.32bis (14400 Bit/s) und V.Fast (größer 19,2 KBit/s), sowie die Integration von Datenkompressionstechniken lassen sich auch bei niederratigen Wählverbindungen Durchsätze von bis zu 64 KBit/s erzielen. Die daraus resultierende Datengeschwindigkeit bietet in der Regel eine solide Grundlage, auf der sich Remote-Applikationen, zum Beispiel Electronic Mail, Client/Server-Datenbankzugriffe und File Transfers realisieren lassen.

Die klassischen Router-Hersteller haben die Remote Access-Technologie bereits in ihre Konzepte integriert. Um die Unterschiede der einzelnen Lösungen genau beurteilen zu können, muß ein Netzwerkplaner die Produkte genau kennen.

Derzeit werden folgende Lösungen angeboten:

- LAN-LAN-Router
- LAN-Modems
- Remote Networking Server

LAN-LAN-Router

Zur ersten Kategorie der Remote Access Server zählen die LAN-LAN-Router. Diese Komponenten unterstützen das transparente Routing aller Standard-LAN-Protokolle. Sie wurden speziell für den Markt des Branch Office Routing entwickelt. Das Branch Office Routing gewährleistet kleineren Unternehmensniederlassungen – zum Beispiel Zweigstellen einer Bank oder eines Handelshauses – über Wählleitungen den transparenten Zugriff von LAN-zu-LAN. Bei dieser Anwendung ist das Datenaufkommen in den Niederlassungen so gering, daß eine Standleitung zur Zentrale bei einer Kosten-/Nutzenberechnung nicht zu rechtfertigen wäre. Die Datenkommunikation und der Zugriff auf die zentralen LAN-Ressourcen erfolgt vollkommen transparent. Ein Benutzer wird in den LAN-zu-LAN-Routern in eine Zugriffsliste eingetragen. Damit wird der Zugang zum Netzwerk und die Sicherheit des Netzes garantiert. Weitere Software muß nicht installiert werden. Die Geräte sind so konstruiert, daß auch ausgebildete Netzwerker keine Installation und Konfiguration vornehmen können. Einige Hersteller haben bereits Modems in den Router integriert. Dadurch beschränkt sich die

Installation nur auf den Anschluß des Telefon- und des Datenkabels. Die Software-Konfiguration erfolgt entweder lokal oder remote über das eingebaute Modem.

Ein weiterer Bestandteil der PPP-Spezifikation ist das CHAP (Challenge Handshake Authentication Protocol), das in den RFCs 1331 bis 1334 definiert ist. CHAP bietet einen Mechanismus, der die Authentifizierung des Anwenders vor dem Verbindungsaufbau ermöglicht. Darüber hinaus sorgt CHAP dafür, daß die Paßworte verschlüsselt übertragen werden. Hacker können damit das Paßwort auf der seriellen Leitung nicht mitlesen.

Da bei Wählleitungen nur eine begrenzte Bandbreite zur Verfügung steht, müssen LAN-LAN-Router bestimmte Dateninformationen ausfiltern können. Beispielsweise muß beim Einsatz von Novell NetWare verhindert werden, daß die Keepalive-Datenpakete über die Wählleitung übertragen werden und die den Anwendern zur Verfügung stehenden Leitungskapazitäten einschränken. Einige Bridges ermöglichen dem Netzwerkmanager die Definition von senderichtungsabhängigen Datenfiltern. Dadurch können bestimmte Datenströme oder Anwendungen (File Transfer, E-Mail) vom Branch-Office zur Zentrale übermittelt werden. Durch die Filter wird der umgekehrte Weg ausgeschlossen.

In Niederlassungen, die ein nicht-routingfähiges Protokoll einsetzen, gewährleistet eine zusätzliche Bridging-Funktion, daß auch diese Protokolle über die Wählleitung übermittelt werden können. Mit Hilfe spezieller Filter wird diesen Datenpaketen der direkte Zugang zum Remote-Netzwerk eröffnet.

Nicht für alle Anwendungsfälle reicht eine Wählleitung für den Datentransport aus (beispielsweise bei großen File Transfers oder mehreren File Transfers). Daher wird der zu übermittelnde Datenverkehr analysiert. Falls ein festgelegter Schwellenwert überschritten wird, aktiviert der Router eine weitere Telefonleitung und erhöht dadurch die verfügbare Datenkapazität der Verbindung. Diese Funktion wird als „Bandwidth-on-Demand" bezeichnet. Diese kann der Netzwerkmanager gemäß seinen individuellen Erfordernissen und Kosten konfigurieren.

LAN-Modems

LAN-Modems sind eine Kombination aus einer Netzwerk-Interface-Karte, einem integrierten Modem und einer Routing-Funktionalität. Dadurch können Remote Offices und Remote Workgroups auf das zentrale LAN – ähnlich wie bei den LAN-zu-LAN-Routern – zugreifen. Außerdem bieten LAN-Modems die Möglichkeit, daß Remote-PCs direkt, ohne den Umweg über ein LAN, mit den zentralen Rechner-Ressourcen kommunizieren können. LAN-Modems unterstützen meist nur ein Protokoll. Um die Remote-Informationen interpretieren zu können, muß zusätzliche Software auf den am Netzwerk installierten PC geladen werden. Auf der Verbindungsebene benutzen die LAN-Modems die bereits schon erwähnten PPP-Protokolle.

LAN-Modems bieten gegenüber herkömmlichen Modem-Anwendungen integrierte Netzwerkmanagementfunktionen, zum Beispiel Remote-Konfiguration, Zugriffsschutzmechanismen und das Herunterladen von Software-Anwendungen.

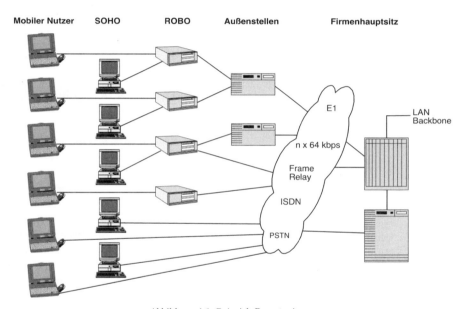

Abbildung 4.1. Beispiel: Remote Access

Remote Network Server

Mit den Remote Network Servern hat sich eine dritte Kategorie der Remote Access-Geräte herausgebildet. Diese Komponenten kombinieren die Funktionalität der LAN-LAN-Router und der LAN-Modems und bieten einen transparenten Zugriff über Wählleitungen. In der Regel sind sie mit wenigen Ports ausgerüstet und unterstützen parallel mehrere Protokolle. Außerdem werden die Funktionen der Client- und der Server-Seite durch zusätzliche Software-Features gesteigert. Zu den hervorstechensten Merkmalen beider Produkte gehören die Integration von Client/Server-Software-Agents sowie zusätzliche Multiplexer-Funktionen. In beiden Lösungen wurde ein Client Proxy Agent implementiert. Diese Software-Funktion wurde unterhalb des Protokollsatzes im Remote Client integriert und entspricht den ODI- und NDIS-Interface-Spezifikationen.

Die LAN-Applikationen und die entsprechende Software arbeiten so, als ob sie mit einem LAN-Netzwerk-Interface-Adapter kommunizierte. Daß der Kommunikationspart über eine Wählleitung realisiert wird, bleibt unbemerkt.

Die Proxy Agents gewährleisten eine transparente Kommunikation sowie Funktionen wie den automatischen Verbindungsaufbau, die Adreßkonvertierung und Security-Features. Darüber hinaus sorgt der Agent dafür, daß nur Daten über die Leitung geschickt werden, die auch wirklich an das Remote-Gerät gesendet werden müssen. Beispielsweise wird während einem File Transfer nur die Zieladresse beim ersten Datenpaket mitgeschickt. Auf der Server-Seite wird durch die Software während der gesamten Verbindungszeit oder bis zum Beginn einer neuen Übertragung die im ersten Datenpaket übermittelte Zieladresse verwendet.

Die Server-Software legt automatisch eine lokale Netzwerkadresse für jede Remote-Verbindung fest und benutzt diese als Source-Adresse bei der Kommunikation über das LAN. Durch diesen Adreßmechanismus werden bei der Kommunikation über eine Wählstrecke zwölf Byte an reiner Overhead-Information eingespart. Diese Datenreduzierung ist besonders beim Einsatz auf niederratigen Datenverbindungen (9600 Bit/s) wichtig. Kompressionsmechanismen reduzieren außerdem die Datenmengen zwischen Server und Client.

4.1 Dial-up-ISDN

Vom Telefon zur Telearbeit und vom LAN zum WAN – die Dienste des Integrated Services Digital Network (ISDN) bilden jetzt auch in den USA die Basis für die Zukunft der WAN-Netze. Der scherzhafte Hinweis, daß die Abkürzung ISDN für „It still doesn't Network" steht, wurde durch „I smell Dollars now" abgelöst.

Nach Untersuchungen wird in den nächsten zwei Jahren bei den Anschlüssen in den dichtbesiedelten Bundesländern der USA ein jährliches Wachstum von hundertvierzig Prozent erwartet. Bis 1988 wird – nach einer Studie von Bellcore – das ISDN-Netzwerk kontinuierlich ausgebaut. Die Zahl der ISDN-Anschlüsse beträgt heute 650.000. Es wird damit gerechnet, daß in Zukunft jährlich fünf Millionen Verbindungen hinzukommen. Laut einer Studie von Frost & Sullivan wächst der Markt für ISDN-Computer-Equipment daher von heute 850.000 US-Dollar auf ein Volumen von zwei Milliarden US-Dollar im Jahr 1998 an. Die aktuellen Studien belegen, daß der Small Office/Home-Office (SoHo)-Markt der Motor für die Entwicklung der ISDN-Netze in den nächsten vier Jahren sein wird. Dieses Wachstum wird eine fünfundzwanzig bis fünfzigprozentige Preissenkung der ISDN-Komponenten mit sich bringen.

Dial-ip-ISDN

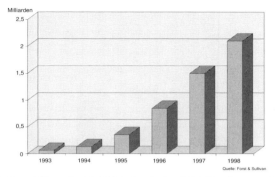

Abbildung 4.2. Entwicklung des ISDN-Marktes in den USA (Quelle: Frost & Sullivan Inc.)

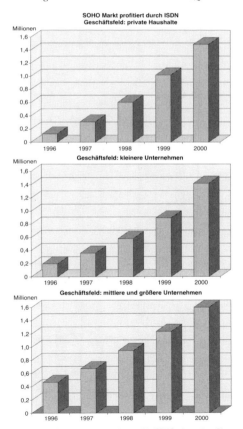

Mittlere und größere Unternehmen werden verstärkt ISDN-Services nutzen. Die höchsten Zuwachsraten werden in den privaten Haushalten und bei der Vernetzung kleinerer Firmen erreicht.
Quelle: International Data Corp.

Abbildung 4.3. SOHO Markt profitiert durch ISDN

Remote Access

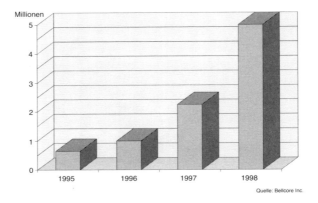

Abbildung 4.4. In den USA werden in den kommenden zwei Jahren etwa vier Millionen Unternehmen/Haushalte an das ISDN-Netzwerk angeschlossen. (Quelle: Bellcore Inc.)

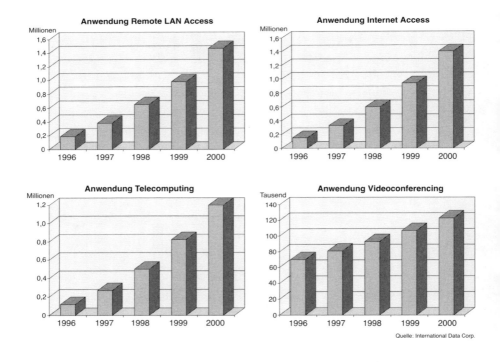

Abbildung 4.5. Remote LAN Bridging, Internet Access und Telecommuting gehören in den USA zu den am schnellsten wachsenden ISDN-Applikationen (Quelle: International Data Corp.)

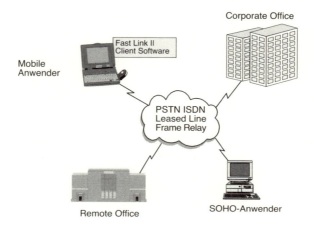

Abbildung 4.6. Remote Access

4.2 Anforderungen an Remote Access-Lösungen

Um die komplexer werdenden Netzwerke sinnvoll verwalten zu können, setzen viele Hersteller auf eine einheitliche Systemarchitektur, ein Ende-zu-Ende-Management sowie auf eine integrierte Produktpalette, die Backbone-, Workgroup- und Remote Access-Produkte umfaßt. Das Design und die Pflege der optimalen Netzwerkinfrastruktur ist auch ohne die Notwendigkeit, konkurrierende Technologien unterschiedlicher Hersteller miteinander in Einklang bringen zu müssen, schon Herausforderung genug. Dies gewinnt noch an Bedeutung, da die Unternehmen derzeit dazu neigen, erweiterte unternehmensweite Netzwerke, das heißt, die nahtlose Vernetzung einer Vielzahl von LANs und WANs, zu schaffen.

In der Vergangenheit haben die Netzwerkadministratoren sich bemüht, ihre Netzwerke methodisch zu erweitern. Netzwerkzentren kommunizierten mit regionalen Büros, regionale Büros mit Zweigstellen und Zweigstellen mit Remote-Anwendern. Heute hingegen können bestehende Netzwerkstrukturen die Anforderungen der nicht mehr erfüllen. Durch die Anbindung von Kunden, Lieferanten und Geschäftspartnern erweitert sich das Unternehmensnetzwerk kontinuierlich. Einzelne Mitarbeiter und Teams, die global zusammenarbeiten, nutzen das Netzwerk als ihre virtuelle Kommunikationsinfrastruktur. Die Zahl der Telearbeiter und der mobilen Mitarbeiter steigt. Sie sind auf Netzwerkverbindungen angewiesen, um Informationen von ihrem Unternehmen zu erhalten und zurückzusenden. Durch diese Anforderungen sind die Netzwerktransaktionen und -muster dynamischer und unberechenbarer geworden. Anwender wählen sich in Zweigstellen, regionale Büros und in das Netzwerkzentrum ein, um Mitarbeiter und Ressourcen zu erreichen, die über das ganze Unternehmen verteilt sind. Informationen werden nicht nur abgefragt, sondern auch zurückgesandt. Die Daten bestehen nicht mehr aus reinem Text, sondern aus Grafiken, Tabellen und aus Bewegtbildern.

Die derzeitige Herausforderung liegt nicht nur in einer Erweiterung der Unternehmensnetzwerke, sondern auch darin, universellen Zugriff auf das Netzwerk bereitzustellen – jeden Mitarbeiter an jedem Ort mit relevanten Informationen zu versorgen. Für die Dial-in-Anwender ist es ebenso von Bedeutung, einen transparenten Zugriff auf Ressourcen zu erhalten. Die Ausdehnung der Netzwerkinfrastruktur und die Integration externer Anwender bringt zusätzliche Aufgaben und Schwierigkeiten für den Netzwerkmanager mit sich:

- Kosten
  Die Netzwerk-Ressourcen näher zum Anwender zu bringen, erhöht alle hiermit verbundenen Betriebskosten – die Kosten des Supports, der Pflege und insbesondere die Kommunikationskosten.
- Support
  Remote-Anwender tendieren in vielen Fällen dazu, sich eigene Hard- und Software anzuschaffen, aber die Verantwortlichkeit für den Support liegt dennoch beim IT-Personal.
- Bereitstellung hoher Netzwerkverfügbarkeit
  Da Remote-Anwender auf das Netzwerk als ihre wichtigste Kommunikationsverbindung zum Unternehmen angewiesen sind, wird die Bereitstellung einer garantierten Verbindung unverzichtbar.
- Troubleshooting im Netzwerk
  Können Remote-Anwender nicht auf die verteilten Ressourcen zugreifen, so ist das Support-Team des Netzwerkbetreibers gefragt. Ohne eine einheitliche Netzwerkmanagementstruktur können Probleme nur schwer und mit einem hohen Zeitaufwand gelöst werden.
- Sicherheitslöcher
  Das Bestreben, das Netzwerk für mehr Nutzer zugänglich zu machen, steht im direkten Widerspruch zu der Notwendigkeit, den Zugriff auf das Netzwerk zu beschränken, um strategische Informationen zu schützen.
- Planung des Wachstums
  Da der universelle Zugriff mit unvorhersehbaren Anforderungen an das Netzwerk einhergeht, ist die Wachstumsplanung schwierig. Ohne Planung können aber die langfristigen Kosten für Hard- und Software, Kapazitätsengpäße oder auch Interoperabilitätsprobleme unkontrolliert wachsen.

- Feststellung der Verantwortlichkeit
  Je mehr Produkte unterschiedlicher Hersteller in das unternehmensweite Netzwerk integriert sind, desto schwieriger wird die Zuordnung der Verantwortlichkeit, falls Probleme auftreten.

Bis jetzt standen Unternehmen nur wenige einheitliche Möglichkeiten zur Verfügung, um auf die Herausforderungen des universellen Zugriffs auf das Unternehmensnetz zu reagieren. Da kein Anbieter Lösungen anbot, die den Anforderungen des universellen Zugriffs genügten, gab es lediglich fragmentarische Lösungen, aus denen Versatzstücke ausgewählt werden konnten; eine umfassende Ende-zu-Ende-Lösung fehlte.

Ende-zu-Ende-Lösung

Die Konzepte vieler Hersteller basieren inzwischen auf einer durchgängigen Systemarchitektur und einem integrierten Management, in das alle Ressourcen innerhalb eines Netzwerks einbezogen sind. Durch das integrierte Ende-zu-Ende-Management kann das gesamte Unternehmensnetzwerk von lokal angeschlossenen Endgeräten bis zu Remote-Niederlassungen als eine Einheit verwaltet werden. Ergänzt wird dieser Ansatz durch eine vollständige Palette von Netzwerkprodukten, die von jedem Ort aus Zugriff auf jede Ressource bieten. Dadurch kann der Netzwerkbetreiber seine Netzwerkinfrastruktur flexibel aufbauen und erhält die Garantie, daß das Netzwerk konstante Änderungen unterstützt und die Komplexität des Gesamtsystems reduziert wird. Diese Systemkonzepte erfüllen die grundlegenden Anforderungen an die Infrastruktur eines verteilten Netzwerks:

- dedizierte Bandbreite zum Endgerät
- skalierbare Bandbreite
- virtuelles Networking
- Unterstützung von Multimedia-Anwendungen

Universeller Zugriff

Soll ein universeller Zugriff realisiert werden, so muß das größtmögliche Spektrum von WAN-Technologien unterstützt werden. Dies ist deshalb wichtig, weil die WAN-Übertragungskosten einen Großteil der Gesamtkosten für den Zugriff auf das erweiterte Unternehmensnetzwerk ausmachen. Ein umfassendes Produktspektrum ermöglicht es, in jeder Situation den jeweils kostengünstigsten WAN-Dienst auszuwählen. Ebenso wirkt sich eine effektive Verwaltung der Bandbreite auf die WAN-Kosten aus. Viele Remote Access-Produkte wurden für kleinere Anwendergruppen und nicht unter dem Aspekt der Integration in ein Unternehmensnetzwerk konzipiert. Beispielsweise zählte die effektive Verwaltung der verfügbaren Bandbreite bei solchen Produkten nicht zu den Entwicklungsschwerpunkten. Die Notwendigkeit, Mitarbeiter und Ressourcen jederzeit erreichen zu können, erfordert Betriebssysteme, die auf unterschiedlichen Plattformen miteinander kommunizieren.

Die meisten Remote Access Server arbeiten nur mit dem AppleTalk- und dem IPX-Protokoll. Einige Anbieter sind inzwischen dazu übergegangen, auch die TCP/IP-Protokolle in ihr Angebot aufzunehmen. Ein Problem im unternehmensweiten Einsatz liegt darin, daß bereits installierte Rechner über LAT und TN3270 unterstützt werden müssen. Die Hersteller bieten daher ein umfassendes Spektrum von Protokolloptionen sowohl für den Client/Server- als auch für den Hostbasierenden Zugriff an.

Einheitliche Managementplattform

Ein weiterer wichtiger Aspekt für die Wachstumsplanung ist die Analyse der Verkehrslast auf den Netzwerken. Dies erfordert eine Netzwerkmanagementlösung, die sowohl den vor Ort angeschlossenen Desktop als auch den Remote Desktop einschließt. Bisher wurden kaum vollständige Ende-zu-Ende-Lösungen angeboten, denn kein Hersteller verfügte über eine Produktpalette, die den kompletten Shared Media-Bereich (Hubs, Switches und Router) und den kompletten Remote Access-Bereich abdeckte. Moderne Netzwerkmanagementsysteme basieren auf einer offenen Architektur für die Netzwerkverwaltung. Produkte anderer Anbieter können integriert werden. Die Systeme basieren auf einer verteilten Architektur und unterstützen sowohl zentralisierte als auch verteilte Netzwerkmanagement-Topologien. Die unterschiedlichen Managementanwendungen lassen sich nahtlos in eine einzige Lösung (vom Desktop bis zum Remote-Anwender) integrieren. Die zentrale Verwaltung verteilter Umgebungen führt zu Zeit- und Kosteneinsparungen, da der Netzwerkmanager über einen zentralen Rechner das gesamte Netzwerk überwachen und das Troubleshooting durchführen kann. Fehler können schneller erkannt werden und in vielen Fällen muß zur Fehleranalyse kein Techniker zu einer Außenstelle geschickt werden.

4.3 Wahlverfahren für Access Router

Der Einsatz von ISDN nimmt zu, denn mit dieser Technologie können sowohl Daten als auch Sprache übertragen werden. Vor allem die kostengünstige LAN-LAN-Kopplung über ISDN-Router erscheint vielen Unternehmen attraktiv. Wird jedoch keine den Anforderungen entsprechende Lösung eingesetzt, entsprechen die Kosten für Wählleitungen schnell denen der teuren Standleitungen.

In der Vergangenheit wurden ISDN-Router hauptsächlich als Backup-Verbindungen für Standleitungen oder X.25-Dienste verwendet. Durch die immer kostengünstigeren Kommunikationsdienste entwickelt sich der Einsatz von Routern über ISDN-Leitungen zu einer interessanten Alternative. Ein Preisvergleich mit ähnlichen Diensten und die hohe verfügbare Bandbreite (64 KBit/s) spricht auf den ersten Blick für die Integration von ISDN im Router-Bereich. Dieser erste positive Eindruck kann sich aber in der Realität schnell ins Gegenteil umkehren.

In den letzten Monaten berichtete die Fachpresse über ein Unternehmen, das ISDN-Leitungen in seinem unternehmensweiten Netzwerk nutzte und im ersten Monat nach der Installation des ISDN-Routers 55.000 DM an die Deutsche Telekom zu überweisen hatte. Ähnlich erging es einem Großkonzern in der Schweiz, dessen Telefonrechnung sich auf 40.000 Schweizer Franken belief. Die Kosten schossen bei einem französische Unternehmen mit ISDN-Verbindungen nach Japan auf über 70.000 Französische Francs in die Höhe. Wie diese Beispiele zeigen, können die Kommunikationskosten drastisch steigen. In den genannten Netzwerken entstanden die hohen Betriebskosten dadurch, daß die ISDN-Verbindungen an sieben Tagen in der Woche täglich 24 Stunden aktiv waren. Über die WAN-Leitungen wurden fast nur Polling-Datenpakete zwischen Rechnern und Servern übermittelt.

Betrachtet man diese Polling-Datenpakete auf anderen Netzwerken, verursachen diese Daten bei klassischen Standleitungen keine Kosten. Selbst bei einem X.25-Netzwerk schlägt dieser Overhead nur minimal zu Buche. Verwendet man als Verbindungsdienst zwischen zwei Routern ISDN-Dienste, verursachen diese Datenpakete den größten Teil der Kosten.

Für den Anwender bedeutet das: Ein Teil der ISDN-Kosten wird im Gegensatz zu Standleitungen und X.25 anhand der aktuell benötigten Verbindungszeit ermittelt. Außerdem wird klar, daß der ISDN-Dienst nicht für eine LAN/WAN-Verbindung über Router geeignet ist, wenn im Router keine zusätzlichen Mechanismen implementiert sind, die den unnötigen Datenverkehr der höheren Protokolle unterbinden. Die Hersteller von Router-Produkten haben enorme Anstrengungen bei der Entwicklung zusätzlicher Mechanismen und Techniken unternommen, um die hohen Kosten bei der Übermittlung von LAN-Verkehr über ISDN-Verbindungen zu reduzieren.

Grundsätzlich können LANs mit Hilfe von Routern über Standleitungen oder Wählverbindungen vernetzt werden. Über beide Leitungsarten können Punkt-zu-Punkt-Verbindungen zwischen den LANs aufgebaut werden. Alternativ dazu sind Kopplungen über X.25- und Frame Relay-Netze möglich. Dabei werden in der Regel Mietleitungen zum nächstgelegenen Knoten des X.25- bzw. Frame Relay-Providers installiert. Diese Kosten trägt der Anwender.

Remote Access

Router realisieren über ISDN-Wählverbindungen drei Dienste:

- Dial-on-Demand
- Dial-Backup
- Bandwidth-On-Demand

Dial-on-Demand

Die Dial-on-Demand-Funktion verwendet ISDN-Wählleitungen als primäre Verbindung zwischen LANs. Sobald der Router ein für das andere LAN bestimmtes Datenpaket empfangen hat, wird innerhalb weniger Sekunden die Verbindung aufgebaut. Sofern keine weiteren Daten übertragen werden müssen (Inactivity Timeout), wird die Verbindung nach einem festgelegten Zeitraum wieder abgebaut. Bei Bedarf eine Leitung schnell aufzubauen, stellt heutzutage kein Problem mehr dar. Aber wie steht es mit dem Beenden der Verbindung, wenn keine Daten mehr zu übertragen sind? Scheinbar preisgünstige ISDN-Router können sich schnell als die teuerste Lösung herausstellen. Die in heutigen LANs verwendeten Protokolle (beispielsweise IP, IPX, AppleTalk und NetBIOS) sind auf ständig verfügbare Übertragungswege angewiesen. Daher unterstützen diese Protokolle keine Wählverbindungen. Zwei Protokolleigenheiten verlangen den Routern einiges an Arbeit ab: Broadcasts und Sessions.

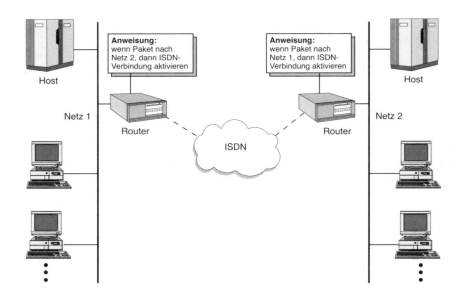

Abbildung 4.7. Dial-on-Demand

Durch in Router implementierte Funktionen können Broadcasts ausgefiltert werden. Jedoch erfordern verbindungsorientierte Protokolle wie TCP (FTP, TELNET), SPX (NetWare Print Services, Datenbank-Applikationen) und LLC2 (NetBIOS, 3270-Sessions) regelmäßige Bestätigungen von ihren Kommunikationspartnern. Dadurch überprüfen diese Geräte, ob die Verbindung noch intakt ist. Um zu verhindern, daß solche Keepalive- und Watchdog-Datenpakete die Wählverbindung ständig offenhalten, setzt der Router Spoofing-Mechanismen ein. Indem er anstelle des Clients die Watchdog-Datenpakete beantwortet, gaukelt er den Session-Partnern eine aktive Session vor, ohne daß tatsächlich eine physikalische Verbindung besteht.

TCP/IP-Protokolle

Das Internet Protocol (IP) gehört zu den vergleichsweise „harmlosen" Protokollen, solange auf Broadcast-intensive Routing-Protokolle wie RIP verzichtet wird und statt dessen statische Routen zwischen den Netzwerken auf beiden Seiten konfiguriert werden. Hat die Remote-Seite nur eine einzige Verbindung zur Zentrale, bietet sich eine Default-Route (0.0.0.0) auf dem WAN-Link an – auf dem Router in der Zentrale muß der Administrator natürlich nach wie vor jedes einzelne Remote-Netzwerk definieren.

Novell NetWare-Protokolle

Das Novell IPX-Protokoll erzeugt mit seinen regelmäßigen SAP- und RIP-Broadcasts eine ständige Grundlast auf dem Netzwerk. Hier gilt ähnliches wie bei IP/RIP: Statische Routen beziehungsweise statische SAP-Einträge verhindern, daß die Wählverbindung ständig offenbleibt. Allerdings ist der Aufwand für statische Einträge erheblich größer als in einem IP-Netz, da ein einziger NetWare-Server mehrere SAP-Einträge erfordern kann. Ein guter Kompromiß zwischen Aktualität des NetWare-Netzes und dem Arbeitsaufwand sind konfigurierbare RIP- und SAP-Timer auf der WAN-Strecke. Je nach Anforderung kann ein einziges RIP- und SAP-Update am Tag genügen – 23 Pfennige, die dem Administrator viel Arbeit ersparen.

Mit Hilfe der IPX-Watchdog-Datenpakete überprüft ein NetWare-Server, ob die Workstation noch aktiv ist. Die Anwender sollten jedoch daran erinnert werden, sich ordnungsgemäß auszuloggen. Der Router kann nicht erkennen, wann ein PC ausgeschaltet wird und bestätigt dem NetWare-Server weiterhin eine aktive Session. Beim nächsten Login des Benutzers wird eine weitere Verbindung auf dem Server geöffnet – bis keine mehr verfügbar ist.

Um den Einsatz von Novell-Raubkopien im Netzwerk zu verhindern, werden die Lizenznummern aller aktivierten NetWare-Server in regelmäßigen Intervallen per Broadcast über das Netzwerk propagiert. Dies erfolgt über NetWare-Serialization-Datenpakete. Mit einem IPX-Filter können Raubkopien verhindert werden (Packet Type gleich 0x457). Eventuelle Mehrfachinstallationen von NetWare-Lizenzen können damit jedoch nicht entdeckt werden.

Etwas Umsicht ist auch bei der Planung von Remote Printern angebracht. Remote Printer pollen in regelmäßigen Abständen die Druckwarteschlangen auf dem NetWare-Server.

NetBIOS-Protokolle

Die NetBIOS-Mechanismen bieten eine beliebte Programmierschnittstelle für netzwerkfähige PC-Applikationen wie Windows for Workgroups. Aber auch in IBM LAN-Server- beziehungsweise Microsoft LAN-Manager-Umgebungen ist NetBIOS das vorherrschende Protokoll. NetBIOS läßt sich in seiner ursprünglichen Form nicht ohne weiteres routen, da es direkt auf LLC2 aufsetzt. Daher muß es gebridgt werden. Router, die NetBIOS-Namen zwischenspeichern können und statische NetBIOS-Einträge erlauben, vermindern die Netzlast. Ein Großteil der NetBIOS-typischen Broadcasts kann so von den WAN-Ressourcen ferngehalten werden. Caching bedeutet, daß der Router NetBIOS-Namen zwischenspeichert, sobald er sie erlernt hat. Alle weiteren Add-Name-Queries können dann lokal beantwortet werden.

Die NetBIOS-Encapsulation-Techniken über IP oder IPX sind zwar verfügbar, aber leider weder untereinander noch mit native-NetBIOS interoperabel. Durch den zusätzlichen Layer-3-Header verringert sich die Effizienz. Eine Lösung ist DLSw (Data Link Switching) nach RFC1434, das LLC2-Frames (NetBIOS oder auch 3270/5250-SNA-Traffic) auf der WAN-Strecke in TCP verpackt. Der große Vorteil von DLSw liegt in seiner Transparenz für alle Beteiligten: Konfigurationsänderungen der Workstations und Server im LAN sind nicht nötig. DLSw unterstützt Spoofing: Die LLC2-Sessions werden lokal terminiert. Die Interoperabilität und Effizienz von DLSw wurde von verschiedenen Herstellern bereits unter Beweis gestellt.

AppleTalk-Protokolle

Die Anwenderfreundlichkeit von AppleTalk wird durch einen rücksichtslosen Umgang mit den Netzwerkressourcen erkauft. Alle zehn Sekunden meldet sich RTMP (Routing Table Maintenance Protocol) zu Wort, und zu den Zonen-Updates per ZIP (Zone Information Protocol) kommen NBP-Lawinen (Name Binding Protocol), sobald ein Mac-User seinen Chooser öffnet. Um den NBP- und RTMP-Traffic einzudämmen, sollten AppleTalk-Zonen nicht über WAN-Links hinweg konfiguriert werden. Unter Performance-Gesichtspunkten ist es auch im LAN sinnvoll, Netzwerknummern und Zonen im Verhältnis 1:1 zu konzeptionieren. Zonen-Filter vermindern ebenfalls überflüssigen RTMP-, ZIP- und NBP-Traffic.

Eine gewisse Verbesserung kann mit AURP (AppleTalk Update Based Routing Protocol) erreicht werden: AURP kennt konfigurierbare Timer für den Austausch von Routing-Informationen und erlaubt den Transport von AppleTalk über ein IP-Internet (IP Tunneling).

Spoofing Updates

Bei der Untersuchung der Funktionen, die sich hinter dem Begriff Spoofing verbergen, ist festzustellen, daß die Art, wie ein Router im Fehlerfalle oder bei einer Veränderung auf der WAN-Strecke (zum Beispiel alternative Route) lokale Informationen an die am LAN angeschlossenen Geräte übermittelt, völlig unterschiedlich gehandhabt werden kann. Drei Techniken werden zum Update der Spoofing-Informationen bei Veränderungen im WAN-Bereich verwendet: Timer, Triggered RIP beziehungsweise SAP und Piggy-Back.

Timer

Als erste Methode bieten sich bestimmte Zeitintervalle an, die der Netzwerkmanager festlegt. Während des definierten Zeitraums werden alle RIP- und SAP-Datenpakete im gesamten Netzwerk propagiert. Diese Technik eignet sich hervorragend, um den Daten-Overhead über den WAN-Link auf die Stunden mit den höchsten Lasten zu reduzieren. Außerdem kann die zeitlich begrenzte Übermittlung der RIP- und SAP-Datenpakete nur in stabilen Netzwerken eingesetzt werden, bei denen es nicht unbedingt darauf ankommt, daß eine Verbindung kurzzeitig unterbrochen wird. Sollen die Zuverlässigkeit der Sessions erhöht oder fehlerhafte WAN-Verbindungen unterbunden werden, müssen die Zeitfenster für den Broadcast-Austausch von SAP- und RIP-Informationen auf ein höheres Intervall gesetzt werden. Trotzdem hat der Netzwerkbetreiber keine Garantie, daß die Updates während des geöffneten Zeitfensters übermittelt werden. In größeren, sich ständig verändernden Netzwerken kann das Zeitfenster dazu verwendet werden die Broadcasts während der stillen Phase in einem Batch zu sammeln. Erst nachdem die Verbindung für SAP- und RIP-Informationen geöffnet ist, werden, die Broadcasts sequentiell abgearbeitet. Diese Methode senkt die Leitungskosten und ermöglicht es, den SAP- und RIP-Verkehr aus dem normalen Datenstrom über den Router herauszufiltern.

Triggered RIP und SAP

Die zweite Methode zum Update der Spoofing-Router wurde in den RFCs 1581 und 1582 festgeschrieben. Bemerkt ein Router eine Veränderung der Routing- oder SAP-Tabellen, aktiviert er automatisch seine ISDN-Verbindung und propagiert die Updates über das WAN zu den angeschlossenen Routern. Diese Methode ist relativ kostengünstig, da nur die modifizierten Tabellen übermittelt werden. Zudem ist sie sehr effizient, da sämtliche Rechner an den Netzwerken schnell über die Veränderung informiert werden. Wird eine Verbindung unterbrochen oder ist ein Server nicht mehr vorhanden und ein alternativer Link oder Service steht zur Verfügung, kann der gesamte Datenverkehr transparent für den Anwender umgeleitet werden. Das Update der Informationen in Echtzeit gehört zu den Stärken des Triggered RIP. Nachteilig wirkt sich dieser Mechanismus in großen Netzwerken mit mehreren hundert Routern aus. Typischerweise sind die großen Netze eines solchen LAN/WAN-Verbunds über traditionelle Stand- und X.25-Leitungen vermascht. Kleinere entfernte Niederlassungen werden häufig über ISDN-Verbindungen an die Zentralen angebunden.

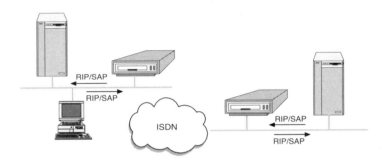

Abbildung 4.8. Spoofing

Dies hat folgende Konsequenzen:

- Die Update-Frequenz in solchen großen Netzwerken ist relativ hoch.
- Durch den Triggered RIP-Mechanismus werden die RIP- und SAP-Tabellen bei jeder Änderung propagiert. Die ISDN-Leitungen müssen bei jedem neuen Update aufgebaut werden. Damit entstehen etwa die gleichen Kosten wie beim regulären RIP.
- Kleine entfernte Netzwerke erhalten meist nur auf wenige zentrale Ressourcen Zugriff. In diesem Fall führen die RIP/SAP-Updates der zentralen Netzwerke und der von ihnen abgehenden Hauptverbindungen zu einem nicht unerheblichen Overhead für die ISDN-Router und die ISDN-Strecken.

ISDN-Leitungen werden überwiegend in der Netzwerkperipherie zur Anbindung der weniger wichtigen Netzressourcen verwendet. Ein Netzwerkbetreiber muß die Anzahl der RIP- und SAP-Updates über diese Leitungen limitieren. Der Kosten/Nutzeneffekt beim Einsatz von Triggered RIP- und SAP-Updates in großen vermaschten Netzwerken sollte genau geprüft werden.

Allgemein gilt: Der Triggered RIP- und SAP-Mechanismus bietet die größten Vorteile in WAN-Netzwerken, in denen zwischen fünf und einhundert ISDN-Router installiert wurden. Die RIP-Aktivitäten sind aufgrund der hohen Zuverlässigkeit der ISDN-Verbindungen relativ gering. Die Anzahl der SAP-Datenpakete hängt von der Anzahl der Server-Reboots und der Einrichtung neuer Drucker ab.

Piggy-Back

Bei der dritten Methode zum Update der Routing-Tabellen werden nur dann RIP-Datenpakete über die WAN-Verbindung übermittelt, wenn gleichzeitig auch Daten gesendet werden müssen. Diese Methode unterscheidet nicht zwischen bereits übermittelten und modifizierten Tabellen. Ohne die RIP-Informationen vorher zu untersuchen, sendet dieser Mechanismus alle empfangenen RIP-Informationen auf die ISDN-Leitung.

Die Piggy-Back-Methode hat zwei Nachteile:

- Die Routing-Tabellen werden, obwohl der Nachbar-Router diese Informationen bereits erhalten hat, auf die Leitung übermittelt.
- Die RIP- und SAP-Tabellen werden bei einem Update nicht sofort an die Router im WAN übermittelt.

In der Praxis kann dies bedeuten, daß Server eine Verbindung aufbauen oder auf einen Service zugreifen wollen, obwohl diese Ressource nicht mehr verfügbar ist. Der Vorteil, der sich durch die Übermittlung von RIP/SAP-Informationen bei bereits aktivierten ISDN-Verbindungen ergibt, kommt hauptsächlich in großen Netzwerken zum Tragen, denn hier können stündlich zahlreiche SAP/RIP-Updates auftreten. Die Kosten, die zur Übermittlung dieser Updates über ein vermaschtes WAN anfallen, können schnell steigen. Der Piggy Back-Mechanismus gewährleistet, daß das RIP- und SAP-Update über das WAN nur über ISDN-Kanäle vorgenommen wird, die bereits von regulären Datenverbindungen genutzt werden.

Dial Backup

Die Dial Backup-Funktion dient zur Absicherung einer Festverbindung über ISDN. Sollte die Festverbindung ausfallen, schaltet der Router innerhalb von Sekunden auf eine ISDN-Wählleitung um. Die gesamte Protokollkonfiguration wird auf die Backup-Leitung übernommen, so daß der Backup-Vorgang transparent für die Benutzer abläuft. Der Netzwerkmanager, der auf seiner Konsole den Ausfall bemerkt, kann sich in Ruhe um die Wiederherstellung der primären Leitung kümmern.

Remote Access

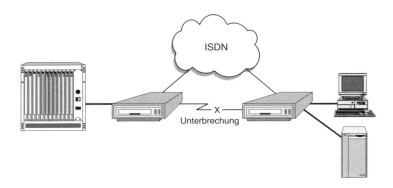

Abbildung 4.9. Dial Backup

Bandwidth-on-Demand

Die Bandwidth-on-Demand-Funktion stellt den Anwendern bei Bedarf zusätzliche Bandbreite zur Verfügung. Sobald konfigurierbare Traffic-Schwellenwerte eine gewisse Zeit überschritten haben, schaltet der Router weitere ISDN-Leitungen zu. Leider sind die von den verschiedenen Herstellern eingesetzten Verfahren meist nicht interoperabel, denn es existiert kein verbindlicher Standard. Die PPP Multilink Extensions sind nach RFC1717 flexibel genug, um mit Leitungen umzugehen, die unterschiedliche Geschwindigkeiten und Latenzzeiten aufweisen.

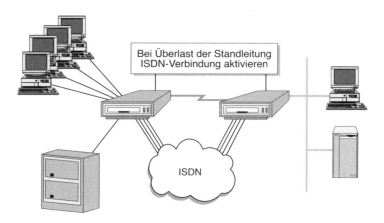

Abbildung 4.10. Bandwidth-on-Demand

4.4 Das Serial Line Interface Protocol (SLIP)

Die einfachste und kostengünstigste Verbindung zwischen zwei IP-Netzwerken ist eine einfache Punkt-zu-Punkt-Verbindung. Voraussetzung ist eine asynchrone Schnittstelle für die physikalische Verbindung. Die Daten werden über das Serial Line Interface Protocol (SLIP) transportiert. SLIP ist im Request for Comments (RFC) 1055 (A nonstandard for Transmission of IP datagrams over serial lines) festgelegt.

Das SLIP-Protokoll übermittelt Daten zwischen zwei Rechnern über eine serielle Leitung. Diese kann eine Stand- oder eine Wählleitung sein. Der SLIP-Mechanismus verpackt das IP-Datenpaket in definierte Framing Character und sendet es anschließend über die Leitung. Als Framing Characters sind lediglich das END- und das ESC-Zeichen definiert. Das END-Zeichen wird durch den dezimalen Wert 192 (hexadezimal C0) und das ESC-Zeichen durch den dezimalen Wert 219 (hexadezimal DB) dargestellt. Jedes SLIP-Datenpaket wird mit dem ESC-Zeichen eröffnet, danach folgen die IP-Daten. Jedes SLIP-Datenpaket wird nach dem Datenteil mit einem END-Zeichen abgeschlossen.

Sollten die Werte für das ESC- und das END-Zeichen in den eigentlichen IP-Daten vorkommen, werden diese Werte durch spezielle Zeichen ersetzt. Ein dem END-Zeichen entsprechender Wert wird als END DD (dezimaler Wert 192 221, hexadezimal C0 DD) dargestellt und der eines ESC-Zeichens als ESC DC (dezimaler Wert 219 220, hexadezimal DB DC). Diese Werte werden beim Empfänger wieder in die ursprünglichen Zeichen zurückverwandelt.

Zeichen	dezimaler Wert	hexadezimaler Wert
END	192	C0
ESC	219	DB
END DD	192 221	C0 DD
ESC DC	219 220	DB DC

Tabelle 4.1. SLIP Characters

Da für das SLIP-Protokoll kein Standard veröffentlicht wurde, können unterschiedliche maximale SLIP-Paketlängen von den Herstellern definiert sein. Für diesen Wert gilt die im Berkeley Unix SLIP-Treiber definierte maximale Paketlänge von 1006 Byte. Diese 1006 Byte beziehen sich auf alle im Datenpaket enthaltenen Protokoll-Header der höheren Protokolle, umfassen aber nicht die SLIP Framing Characters. SLIP basiert auf einem einfachen Übertragungsmechanismus.

Folgende Verfahren werden von SLIP nicht unterstützt:

- Addressing
  SLIP unterstützt keine Adreßmechanismen. Adreßinformationen können nicht mit der seriellen Leitung verknüpft werden.
- Typfeld
  SLIP verfügt über keine Funktion zur Pakettyp-Kennung, es kann nur ein bestimmtes Protokoll über die Verbindung übertragen.
- Fehlererkennung und -behebung
  SLIP überträgt Daten zwischen zwei Rechnern über serielle Leitungen. Diese Modemstrecken verfügen über eine geringe Übermittlungsgeschwindigkeit (9,6 KBit/s bis 64 KByte/s) und die verwendeten Telefonleitungen sind häufig fehlerhaft (Übersprechen, Noise). Das SLIP-Protokoll übernimmt keine Fehlererkennungs- und -behebungsdienste. Diese Aufgaben überläßt SLIP den höheren Protokollen. Jedes IP-, TCP- oder UDP-Datenpaket verfügt im Protokoll-Header über ein Feld, in dem die Prüfsumme für diesen Header berechnet wurde. Durch die Auswertung des Prüfsummenfeldes kann ein höheres Protokoll einen auf der Übertragungsstrecke aufgetretenen Fehler lokalisieren und das defekte Datenpaket gegebenenfalls neu anfordern.

4.5 Das Point-to-Point Protocol (PPP)

Um LAN-Protokolle auch über Wähl- und Standleitungen übermitteln zu können, muß das Übertragungsprotokoll auf den unteren Schichten definiert sein. Seit etwa zehn Jahren existiert das Serial Line Interface Protocol (SLIP), das den Datentransfer über WAN-Strecken zwischen TCP/IP-Rechnern ermöglicht. Da für andere Protokolle (beispielsweise DECnet, AppleTalk oder IPX) keine Standards vorlagen, mußten diese Informationen über eigene Mechanismen auf der Schicht 2 übertragen werden. Die Entwicklung des Point-to-Point Protocol (PPP) löste dieses Problem.

Die Schicht 3 (Vermittlungsschicht) ist unabhängig von den unteren physikalischen Schichten. Daher können Protokolle dieser Schichten (zum Beispiel Ethernet, Token-Ring oder FDDI) theoretisch problemlos gegeneinander ausgetauscht werden. Mangels eines vernünftigen Point-to-Point-Protokolls konnte diese theoretische Möglichkeit in der Praxis nicht realisiert werden. Das SLIP-Protokoll der IP-Protokollfamilie wies zu viele Defizite auf und wurde daher nicht als Standard anerkannt. Heute wird überwiegend das PPP-Protokoll eingesetzt und es wird bald alle anderen Lösungen ersetzt haben.

Aufgrund seiner Struktur und den unterstützten Protokollmechanismen ist das PPP-Protokoll deutlich aufwendiger spezifiziert als das SLIP-Protokoll. Es wurde nicht nur für die IP-Welt geschrieben, sondern es unterstreicht den besonderen Multiprotokoll-Charakter der Internet Community. Daher wurde die Integration weiterer Protokolle definiert. Das PPP-Protokoll ermöglicht die Datenübermittlung über synchrone (bit-serial) und asynchrone (Start/Stop-Betrieb) Wähl- und Standleitungen. Dadurch arbeitet es unabhängig von den physikalischen Schnittstellen (zum Beispiel RS-232-C, RS-422, RS-423, X.21). Die einzige unabdingbare Voraussetzung ist eine transparente, vollduplexfähige Datenleitung. Als Datenformat sind beim PPP-Protokoll 8 Bit, No Parity, festgelegt. Außerdem wird über die Verbindung ein Flow Control-Mechanismus unterstützt.

Das PPP-Protokoll basiert auf drei Hauptkomponenten:

- Data Encapsulation
- Link Control Protocol (LCP)
- Network Control Protocol-Familie (NCP)

Data Encapsulation

Das HDLC (High Level Data Link Control)-Protokoll wurde beim PPP-Protokoll als Basis zur Übermittlung der Datenpakete auf der Schicht 2 spezifiziert. Das HDLC-Protokoll ist seit Mitte der siebziger Jahre standardisiert und als ISO-Standard 3309-1979 und 3309-1984/PDAD1 veröffentlicht. Beim PPP-Protokoll sind das Datenformat, die Bedeutung und die Werte der einzelnen Felder genau festgelegt (s. Abbildung 4.11).

Flag	Address	Protocol	Data	FCS	Flag	Interframe Fill oder nächste Adresse

Abbildung 4.11. HDLC-Format für PPP-Pakete

Flag Sequence
Jedes PPP-Datenpaket wird durch einen 8-Bit-Wert, die Flag Sequence, eröffnet und beendet. Diese Flag Sequence hat immer den binären Wert 01111110 (hexadezimal 0x7e).

Adreßfeld
Das Adreßfeld definiert immer die All-Station-Adresse und ist auf den binären Wert 11111111 (hexadezimal 0xff) gesetzt. Das PPP-Protokoll unterstützt in der momentanen Version noch keinen Adreßmechanismus, der das Adressieren von individuellen Stationen ermöglicht.

Kontrollfeld
Das Kontrollfeld definiert immer das Unnumbered Information (UI)-Kommando, bei dem das P/F-Bit auf den Wert 0 gesetzt ist. Die binäre Sequenz für das Kontrollfeld ist 00000011 (hexadezimal 0x03). Datenpakete mit anderen Werten sind ungültig und werden verworfen.

Protokollfeld
Das zwei Oktett lange Protokollfeld definiert, wie die Daten des nachfolgenden Informationsfeldes zu behandeln sind. Die Werte des Protokollfelds werden in den Assigned Numbers der jeweiligen RFCs veröffentlicht.

Folgende Gruppen sind festgelegt:

0--- bis 3---	Festgelegte Network Layer-Protokolle
8--- bis b---	Network Control Protocols (NCPs)
4--- bis 7---	Frei zu vergeben für Datenverkehr mit niedrigen Übertragungsmengen
c--- bis f---	Link Layer Protocols

Informationsfeld
Das Informationsfeld enthält die protokollspezifischen Informationen (Header und Daten) des im Protokollfeld definierten Network Layer-Protokolls. Die Default-Länge des Informationsfeld kann zwischen 0 und maximal 1500 Byte (Default-Wert) betragen. Kommunikationspartner können jedoch jederzeit einen größeren Wert als Maximal Frame Size aushandeln.

Frame Check Sequence Field
Das 16-Bit-lange Frame Check Sequence Field (FCS) ermöglicht die Fehlerkontrolle des übermittelten Datenrahmens.

Link Control Protocol (LCP)
Das Link Control Protocol (LCP) ist für den ordnungsgemäßen Aufbau, die Konfiguration, den Test und den Abbau einer PPP-Datenverbindung zuständig. Bevor die Datenpakete über eine PPP-Verbindung übermittelt werden, sendet jedes der beteiligten PPP-Schnittstellen eine Reihe von LCP-Datenpaketen auf die Leitung. Das LCP durchläuft dabei vier Phasen:

Phase 1: Link Dead
In diesem Zustand besteht keine Verbindung zum Modem oder die Leitung wurde unterbrochen. Jede PPP-Verbindung beginnt und endet in dieser Phase.

Phase 2: Link Establishment
Bevor Daten höherer Schichten (zum Beispiel IP) über die Verbindung transportiert werden können, wird die Strecke durch den Austausch von Konfigurationspaketen vorbereitet.

Phase 3: Authentification
Optionaler Modus, der die beiden PPP-Peers mit Hilfe eines Authentifikation-Protokolls identifiziert.

Phase 4: Network Layer Protocol Configuration
Konfiguration des auf der Verbindung eingesetzten Network Layer-Protokolls durch das jeweilige Network Control Protocol (NCP). Es können auf einer Verbindung mehrere NCPs parallel genutzt werden.

Phase 5: Link Termination
Das LCP kann die Verbindung jederzeit schließen. Dies kann aufgrund eines durch den Benutzer initiierten Events, eines abgelaufenen Timers oder eines fehlenden Hardware-Schnittstellensignals geschehen.

Link Quality Testing
Optional kann zwischen Phase 3 und Phase 4 ein Link Quality-Test gemäß RFC 1333 erfolgen, der die Übertragungsqualität der Datenverbindung überprüft. Auf dieser Basis wird entschieden, ob die Qualität der Verbindung den Erfordernissen des jeweiligen Protokolls der höheren Schicht (in der Regel dem Network Layer Protocol) entspricht.

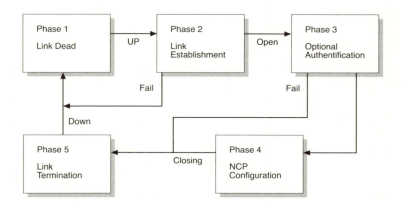

Abbildung 4.12. PPP-Phasendiagramm

Das LCP-Datenformat

Die LCP-Informationen werden als PPP-Datenpakete versandt. Dabei signalisiert das Protokollfeld mit dem Wert c021 hex, daß der Datenteil LCP-Informationen enthält. Pro Datenpaket kann nur eine LCP-Information transportiert werden.

Für das LCP sind drei Paketgruppen definiert:

Link Configure-Datenpakete
Link Configure-Datenpakete dienen dem Aufbau und der Konfiguration einer Verbindung (Configure Request, Configure-Ack, Configure-NAK und Configure Reject).

Link Termination-Datenpakete
Link Termination-Datenpakete signalisieren den Verbindungsabbau zwischen zwei PPP-Peers (Termination Request, Termination-Ack).

Link Maintenance-Datenpakete
Um die Verbindung ordnungsgemäß aufrecht halten zu können, werden zwischen den PPP-Peers Link Maintenance-Datenpakete versandt (Code Reject, Protocol Reject, Echo Request, Echo Reply und Discard Request).

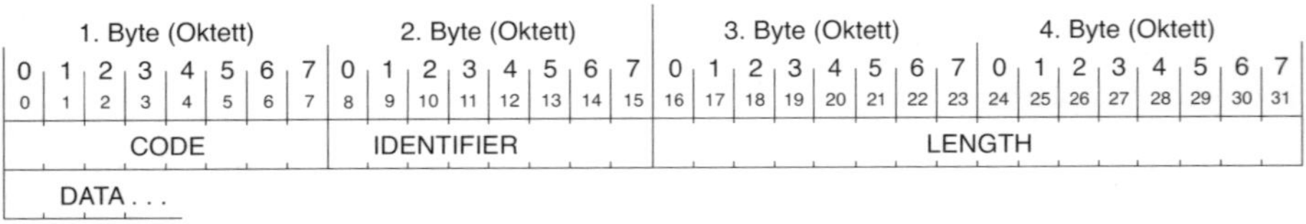
1. Byte (Oktett)
2. Byte (Oktett)
3. Byte (Oktett)
4. Byte (Oktett)
0 1 2 3 4 5 6 7 0 1 2 3 4 5 6 7 0 1 2 3 4 5 6 7 0 1 2 3 4 5 6 7
0 1 2 3 4 5 6 7 8 9 10 11 12 13 14 15 16 17 18 19 20 21 22 23 24 25 26 27 28 29 30 31
CODE
IDENTIFIER
LENGTH
DATA . . .

Abbildung 4.13. Link Control Protocol Header

Code
Das 1-Byte-lange Code-Feld definiert die Art der LCP-Information.

Folgende Werte sind festgelegt:

1 Configure Request
2 Configure-Ack
3 Configure-Nak
4 Configure Reject
5 Terminate Request
6 Terminate-Ack
7 Code Reject

8 Protocol Reject
9 Echo Request
10 Echo Reply
11 Discard Request
12 RESERVED

Identifier
Das 1 Byte lange Identifier-Feld ermöglicht die Zuordnung von Anfragen zu Antworten.

Length
Das 2 Byte lange Length-Feld legt die gesamte Länge des LCP-Datenpakets inklusive des Code-, Identifier-, Length- und Datenfelds fest.

Data
Das Data-Feld enthält die eigentlichen LCP-Informationen und wird immer durch ein Code-Feld abgeschlossen.

LCP Configuration Options
Das Link Control Protocol ermöglicht optional das dynamische Aushandeln von Konfigurationen zwischen den PPP-Peers.

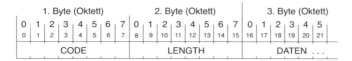

Abbildung 4.14. LCP-Datenformat

Code
Das 1 Byte lange Code-Feld definiert die Art der LCP-Konfiguration.

Folgende Werte sind festgelegt:

1 Maximum Receive Unit
2 Async Control Character Map
3 Authentication Protocol
4 Quality Protocol
5 Magic Number
6 RESERVED
7 Protocol Field Compression
8 Address-and-Control Field Compression

Length
Das 1 Byte lange Length-Feld legt die gesamte Länge des LCP-Konfigurationspakets inklusive des Code-, Length- und Datenfelds fest.

Data
Das Data-Feld enthält die erweiterten LCP-Konfigurationsinformationen.

Network Control Protocols (NCP)
Die Network Control Protocols (NCP)-Familie ermöglicht die Vorbereitung und Konfiguration der verschiedenen Protokolle auf den unterschiedlichen Netzwerkschichten. PPP ist so konzipiert, daß es die simultane Benutzung verschiedener Netzwerkprotokolle erlaubt.

Network Control Protocols für IP
Das Internet Protocol Control Protocol (IPCP) ermöglicht das Aktivieren, Deaktivieren und Konfigurieren der IP-Protokollmodule auf beiden Seiten einer Point-to-Point-Verbindung. Wie bei dem Link Control Protocol erfolgt dies durch den Austausch von speziellen Datenpaketen. Der Transfer der IPCP-Datenpaketen erfolgt, nachdem die Phase 4 (NCP Configuration) des LCP-Protokolls beendet wurde.

Das IPCP-Datenformat
Die IPCP-Informationen werden als PPP-Datenpakete verschickt. Dabei signalisiert das Protokollfeld mit dem Wert 8021 hex, daß der Datenteil IPCP-Informationen enthält. Pro Datenpaket kann nur eine IPCP-Information versandt werden.

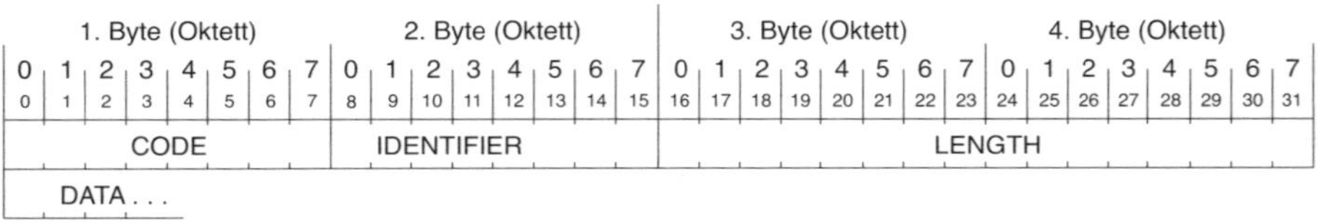

1. Byte (Oktett)	2. Byte (Oktett)	3. Byte (Oktett)	4. Byte (Oktett)
CODE	IDENTIFIER	LENGTH	
DATA ...			

Abbildung 4.15. Aufbau des ICPC Headers

Code
Das 1 Byte lange Code-Feld definiert die Art der IPCP-Informationen. Folgende Werte sind festgelegt:

1   Configure Request
2   Configure-Ack
3   Configure-Nak
4   Configure Reject

5   Terminate Request
6   Terminate-Ack
7   Code Reject

Identifier
Das 1 Byte lange Identifier-Feld ermöglicht die Zuordnung von Anfragen zu Antworten.

Data
Das Data-Feld enthält die eigentlichen IPCP-Informationen und wird immer durch ein Code-Feld abgeschlossen.

Vor dem Übermitteln von IP-Datenpaketen kann das IPCP noch Konfigurationsoptionen mit dem IP-Kommunikationspartner austauschen. Folgende IPCP-Optionen sind festgelegt:

1   IP Addresses
2   IP Compression Protocol
3   IP Address

IP Addresses
Als Option in früheren PPP-Versionen integriert, hat bei neuen Versionen keine Bedeutung mehr.

IP Compression Protocol
Ermöglicht es den beiden IP Peers, Daten in komprimiertem Format auszutauschen. Als einziger Komprimierungsmechanismus wurde der Van-Jacobsen-Mechanismus (Wert 002d) integriert.

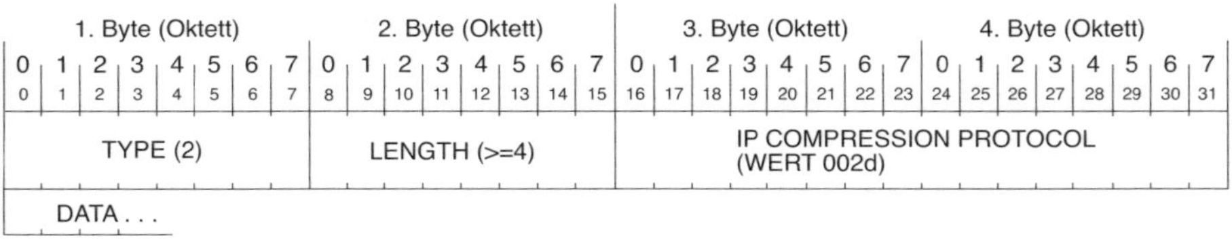

1. Byte (Oktett)	2. Byte (Oktett)	3. Byte (Oktett)	4. Byte (Oktett)
0 1 2 3 4 5 6 7	0 1 2 3 4 5 6 7	0 1 2 3 4 5 6 7	0 1 2 3 4 5 6 7
0 1 2 3 4 5 6 7	8 9 10 11 12 13 14 15	16 17 18 19 20 21 22 23	24 25 26 27 28 29 30 31
TYPE (2)	LENGTH (>=4)	IP COMPRESSION PROTOCOL (WERT 002d)	
DATA . . .			

Abbildung 4.16. IPCP Header mit Kompressionsoption

IP Address
Ermöglicht die dynamische Nutzung von IP-Adressen zwischen zwei Kommunikationspartnern.

1. Byte (Oktett)								2. Byte (Oktett)								3. Byte (Oktett)								4. Byte (Oktett)							
0	1	2	3	4	5	6	7	0	1	2	3	4	5	6	7	0	1	2	3	4	5	6	7	0	1	2	3	4	5	6	7
0	1	2	3	4	5	6	7	8	9	10	11	12	13	14	15	16	17	18	19	20	21	22	23	24	25	26	27	28	29	30	31
TYPE (3)								LENGTH (6)								IP ADDRESS															
IP ADDRESS (CONT)																															

Abbildung 4.17. IP Address-Format

Ausblick

Viele Hersteller bieten bereits Produkte an, die auf dem PPP-Protokoll basieren, und die Normierung durch die RFCs wird zu seiner wachsenden Bedeutung beitragen. Unternehmen, die heute das SLIP-Protokoll in ihre Produkte integrieren, werden zukünftig das PPP-Protokoll implementieren, da es sich als das geeignete Data Link Layer-Protokoll für Punkt-zu-Punkt-Verbindungen und Wählleitungen bewährt hat.

4.6 Bandbreitenmanagement

Vor zehn Jahren reichte es noch aus, Netzwerke segmentweise zu strukturieren und über Repeater zu verbinden. Einige Jahre später wurden die physikalischen LANs durch Brücken in überschaubarere, kleinere Strukturen aufgeteilt. Als der Datenverkehr in den LANs Anfang der neunziger Jahre weiter zunahm, wurden Router als Segmentierungselemente zwischen den LANs eingesetzt: Große flächendeckende LAN/WAN-Gebilde entstanden, in denen viele parallele Protokollwelten betrieben wurden.

Der Mangel an kompetenten LAN-Experten führte dazu, daß die Netzwerke in den Unternehmen nur in den zentralen Bereichen ausgebaut wurden. Heute haben fast alle Unternehmen ihre Datenautobahnen ausgebaut, über die die zentralen Dienste für den täglichen Arbeitsablauf bereitgestellt werden.

Neue Anwendungen und die Dezentralisierung der LAN-Anwendungen erfordern neue Kommunikationsstrukturen. Die Remote Access-Technologie verbindet über Wählleitungen LANs und Workstations. Bei der Entwicklung dieser Lösungen wird darauf geachtet, die Remote-Komponenten von der Komplexität her einfach zu halten. Durch die integrierten Techniken reduziert sich der Kostenaufwand für Installation und Betreuung der einzelnen Standorte. Da die Verbindungskomponenten meist klassische Postdienste (beispielsweise Wählleitungen) nutzen, müssen bei einer Projektkalkulation die Gebührenstrukturen berücksichtigt werden. Poststrecken beziehungsweise Postgebühren können bei Remote-Anwendungen rasch in die Höhe schnellen. Daher sollten bestimmte Funktionen in die Verbindungskomponenten integriert werden. Die Bandbreitenoptimierung ist daher ein wichtiges Thema.

Zur optimalen Auslastung der WAN-Ressourcen stehen zwei Verfahren zur Verfügung:

- Verkehrsmanagement
- Kompression

Verkehrsmanagement

Unabhängig davon, ob ein Produkt auf Basis der Switching- oder der Router-Technik aufgebaut ist, kann durch integrierte Filterfunktionen die verfügbare Bandbreite auf den angeschlossenen WAN-Strecken optimiert werden. Filtertechniken reduzieren den Datenverkehr, der über die WAN-Strecken übertragen werden muß, auf ein Minimum. Der Netzwerkmanager kann den Datenverkehr auf der Basis spezifischer Protokollinformationen auf den OSI-Schichten 2, 3 und 4 ausfiltern.

Filter basieren auf drei Datenpaketformen beziehungsweise -informationen:

- Broadcast- und Multicast-Datenpakete
- sämtlichen Unicasts für das Remote-LAN
- bestimmten Unicasts für Remote-Rechner

Routing Filter

Router propagieren nicht den gesamten Broadcast-Datenverkehr im Netzwerk. Sie nehmen den gesamten Hardware-Broadcast-Verkehr auf der Schicht 2 an und leiten diesen nicht auf die angeschlossenen Netzwerksegmente weiter. Damit reduziert sich der Broadcast-Verkehr in einem WAN. Zudem können protokollspezifische Filtermechanismen auf jeder Schicht des OSI-Referenzmodells die Weiterleitung bestimmter Datenpakete oder ganzer Protokollgruppen verhindern. So kann beispielsweise der Zugriff auf ein Remote-LAN nur für bestimmte Anwendungen (zum Beispiel Telnet) oder Rechner gestattet werden.

Bridge Filter

Die meisten Brücken unterstützen zusätzliche Filterfunktionen und können bestimmte Daten oder Ereignisse definiert herausfiltern. Der Netzwerkbetreiber kann so individuelle Kommunikationsstrukturen realisieren. Eine Brücke arbeitet auf der OSI-Schicht 2 und kontrolliert alle Bits/Bytes eines Datenpakets auf der untersten Schicht. Durch den Einsatz von Filtern auf den unteren Schichten können Ereignisse auf höheren Protokollebenen gefiltert oder exklusiv gestattet werden.

Warteschleifen

File Transfers über langsame WAN-Verbindungen können zu Bandbreiten-Engpässen führen und andere Anwendungen, zum Beispiel den interaktiven Terminalverkehr, belasten. Bei einem File Transfer versucht die sendende Station so schnell wie möglich die Daten in großen Blöcken zu übertragen, die von der Transitkomponente in der Reihenfolge ihres Eintreffens (First In First Out) weitergeleitet werden. Bei Brücken beziehungsweise Routern, die an langsame WAN-Strecken angeschlossen sind, kann dies zu Verzögerungen führen.

FIFO Queuing

Bei der First In First Out- (FIFO)-Methode werden alle empfangenen Datenpakete sequentiell in den Empfangspuffer der Transitkomponenten eingelesen. Die Verarbeitungszeit der Informationen hängt von der aktuellen Warteschlangenlänge der jeweiligen Schnittstelle ab.

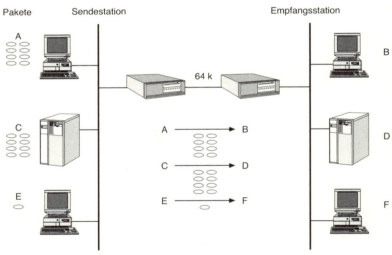

Abbildung 4.18. Queuing (Beispiel)

Beispiel:
Zwischen den Rechnern an den Netzwerken sind folgende Anwendungen aktiv:

Rechner A	→	B	File Transfer (8 Datenpakete)
Rechner C	→	D	File Transfer (8 Datenpakete)
Rechner E	→	F	Terminal Session (1 Datenpaket)

Tabelle 4.2. FIFO-Warteschlangen

Bandbreitenmanagement

Durch Zufall (Netzwerklast, Rechnerkapazität, verwendetes Protokoll) ergibt sich daraus im Eingangspuffer der Transitkomponente die in Tabelle 4.3 gezeigte Warteschlange.

Paketnummer	Richtung
1	A → B
2	A → B
3	A → B
4	A → B
5	A → B
6	A → B
7	A → B
8	A → B
9	C → D
10	C → D
11	C → D
12	C → D
13	C → D
14	C → D
15	C → D
16	C → D
17	E → F

Tabelle 4.3. Warteschlange 1

Die Transit-Warteschleife kann bei langsamen WAN-Verbindungen zu erheblichen Zeitverzögerungen führen, die bei den sendenden Rechnern (je nach Protokoll) zwei Prozeduren auslösen:

- Der Sender geht aufgrund der hohen Zeitverzögerung davon aus, daß die Nachricht verlorengegangen ist und generiert diese erneut. Dies führt zu einer weiteren Verlängerung der Transmit-Warteschleife und erhöht die WAN-Netzwerklast zusätzlich.
- Gleichzeitig werden vom Sender die Übermittlungsgeschwindigkeit reduziert und die Werte für den Retransmission Timeout erhöht.

Bei den beiden File Transfer-Anwendungen wirkt sich dies so aus, daß die Übermittlung der Daten mehr Zeit beansprucht. Bei der interaktiven Terminal-Session kann dies zu einer abnehmenden Datentransferrate oder zu einem vollständigen Abbruch der Session führen.

Routing light

Durch die Integration verschiedener Mechanismen in die Transitkomponenten kann dies vermieden werden. Erreicht die Transit-Queue eine gewisse Länge, wird der noch zu sendende Datenverkehr auf mehrere Warteschleifen umgeleitet. Diese Warteschleifen werden sequentiell abgearbeitet.

Paketnummer	Warteschleife	Richtung
1	1	A → B
9	2	C → D
17	3	E → F
2	1	A → B
10	2	C → D
3	1	A → B
11	2	C → D
4	1	A → B
12	2	C → D
5	1	A → B
13	2	C → D
6	1	A → B
14	2	C → D
7	1	A → B
15	2	C → D
8	1	A → B
16	2	C → D

Tabelle 4.4. Warteschlange 2

Dieser Mechanismus bringt eine Verbesserung des Durchsatzverhaltens mit sich. Die einzelnen Filter für die jeweiligen Traffic-Queues müssen vom Systemadministrator festgelegt werden, der sich allerdings sehr genau mit der Arbeitsweise und den protokollspezifischen Details auskennen muß. Da sich Filterfunktionen auf das Performance-Verhalten der jeweiligen Komponente auswirken, können nicht unendlich viele Filter festgelegt werden.

Ein anderer Queuing-Mechanismus legt automatisch für jedes an der Kommunikation beteiligte Gerät eine garantierte Bandbreite fest. Die verfügbare Bandbreite auf dem WAN wird anhand der einzelnen Datenströme zu gleichen Teilen auf die Anzahl der aktuellen Sessions aufgeteilt oder kann durch den Administrator festgelegt werden. Besonders im Hochlastbetrieb gewährleisten die Algorithmen, daß die unterschiedlichen Übertragungsschemata (File Transfer versus Terminal Traffic) die notwendige Priorität erhalten.

Der ursprüngliche Datenstrom zwischen den drei Sessions wird anhand der Prioritäten und der Bandbreitenaufteilung transportiert:

Paketnummer	Richtung
17	E → F
1	A → B
9	C → D
2	A → B
10	C → D
3	A → B
11	C → D
4	A → B
12	C → D
5	A → B
13	C → D

Tabelle 4.5. Warteschlange 3

Sind die Datenpakete zwischen Rechner A und Rechner B doppelt so lang, wie die Nachrichten zwischen Rechner C und Rechner D, ändert sich die Priorität:

Paketnummer	Richtung
17	E → F
9	C → D
10	C → D
1	A → B
11	C → D
12	C → D
2	A → B
13	C → D
14	C → D
3	A → B
15	C → D
16	C → D
4	A → B
5	A → B
6	A → B
7	A → B
8	A → B

Tabelle 4.6. Warteschlange 4

Wird während des Abarbeitens dieser Queue von Rechner E an Rechner F ein weiteres Datenpaket verschickt, so ändert sich automatisch die gesamte Prioritätenordnung.

Paketnummer	Richtung
17	E → F
9	C → D
10	C → D
1	A → B
11	C → D
12	C → D
18	E → F
13	C → D
14	C → D
2	A → B
15	C → D
16	C → D
3	A → B
4	A → B
5	A → B
6	A → B
7	A → B
8	A → B

Tabelle 4.7. Warteschlange 5

Kompression

Über das angeschlossene WAN transportierte Datenmengen müssen bei niederratigen Verbindungen (zum Beispiel Modemstrecken) auf ein Minimum reduziert werden. Dazu werden Kompressionstechniken eingesetzt. Bei der Datenkompression wird über einen Algorithmus die Größe eines Datenpaketes reduziert. Das neu entstehende Datenpaket wird zum Empfänger übermittelt. Dieser errechnet über einen Dekomprimierungs-Algorithmus die Originalgröße des Datenpakets und transportiert es auf dem lokalen Netzwerk. Die komprimierten Datenpakete nutzen die zur Verfügung stehende Übertragungsbandbreite im WAN wesentlich besser aus, erhöhen die Auslastung niederratiger Datenleitungen und vermindern die Antwortzeiten im Netzwerk.

Beispiel 1: 9,6 KBit/s-Datenleitung

Byte/Datenpaket	Übertragungsrate ohne Kompression Datenpakete/s	Übertragungsrate mit Kompression Datenpakete/s	Kompressionsfaktor effektiv
64	17,6	35,3	2:1
64	17,6	52,9	3:1
64	17,6	70,6	4:1
128	9,1	18,2	2:1
128	9,1	27,3	3:1
128	9,1	36,4	4:1
256	4,6	9,2	2:1
256	4,6	13,8	3:1
256	4,6	18,5	4:1
512	2,3	4,7	2:1
512	2,3	7,0	3:1
512	2,3	9,3	4:1
1024	1,2	2,3	2:1
1024	1,2	3,5	3:1
1024	1,2	4,7	4:1
1518	0,8	1,6	2:1
1518	0,8	2,4	3:1
1518	0,8	3,2	4:1

Beispiel 2: 64 KBit/s-Datenleitung

Byte/Datenpaket	Übertragungsrate ohne Kompression Datenpakete/s	Übertragungsrate mit Kompression Datenpakete/s	Kompressionsfaktor effektiv
64	118,0	235,0	2:1
64	118,0	353,0	3:1
64	118,0	471,0	4:1
128	60,6	121,0	2:1
128	60,6	182,0	3:1
128	60,6	242,0	4:1
256	30,8	61,5	2:1
256	30,8	92,3	3:1
256	30,8	123,0	4:1
512	15,5	31,0	2:1
512	15,5	46,5	3:1
512	15,5	62,0	4:1
1024	7,8	15,6	2:1
1024	7,8	23,3	3:1
1024	7,8	31,3	4:1
1518	5,3	10,5	2:1
1518	5,3	15,8	3:1
1518	5,3	21,0	4:1

Beispiel 3: 128 KBit/s-Datenleitung

Byte/Datenpaket	Übertragungsrate ohne Kompression Datenpakete/s	Übertragungsrate mit Kompression Datenpakete/s	Kompressionsfaktor effektiv
64	235,0	471,0	2:1
64	235,0	706,0	3:1
64	235,0	941,0	4:1
128	121,0	242,0	2:1
128	121,0	364,0	3:1
128	121,0	485,0	4:1
256	61,5	123,0	2:1
256	61,5	185,0	3:1
256	61,5	246,0	4:1
512	31,0	62,0	2:1
512	31,0	93,0	3:1
512	31,0	124,0	4:1
1024	15,6	31,1	2:1
1024	15,6	46,7	3:1
1024	15,6	62,3	4:1
1518	10,5	21,0	2:1
1518	10,5	31,5	3:1
1518	10,5	42,0	4:1

Beispiel 4: 2.048 MBit/s-Datenleitung

Byte/Datenpaket	Übertragungsrate ohne Kompression Datenpakete/s	Übertragungsrate mit Kompression Datenpakete/s	Kompressionsfaktor effektiv
64	3765	7529	2:1
64	3765	11294	3:1
64	3765	15059	4:1
128	1939	3879	2:1
128	1939	5818	3:1
128	1030	7758	4:1
256	985	1969	2:1
256	985	2954	3:1
256	985	3938	4:1
512	496	992	2:1
512	496	1488	3:1
512	496	1984	4:1
1024	249	498	2:1
1024	249	747	3:1
1024	249	996	4:1
1518	168	336	2:1
1518	168	505	3:1
1518	168	673	4:1

Mit der Aktivierung von Kompressionsmechanismen kann der Nettodatendurchsatz über den WAN-Link reduziert werden. Für das gleiche Geld können doppelt soviele Daten pro Zeiteinheit übertragen werden. Wird die Datenpaketgröße für eine 64 KBit/s-Leitung auf die Hälfte reduziert, hat diese Strecke effektiv einen Durchsatz von 128 KBit/s. Die Effektivität des Kompressionsmechanismus hängt von den im Datenpaket übermittelten Daten ab. Bei großen Datenpaketen, wie beim File Transfer, arbeitet der Kompressionsmechanismus am effektivsten. Werden über diese Strecke verschlüsselte oder bereits komprimierte Daten übertragen, kann dies dazu führen, daß sich der Kompressionseffekt ins Negative umkehrt und wesentlich mehr Daten über die Strecke transportiert werden.

Ein weiterer Mechanismus zur Reduktion des Datenaufkommens ist die Ethernet Frame Truncation. Bei Ethernet hat das kleinste Datenpaket eine Minimalgröße von 64 Bit. In vielen Anwendungen übermittelt der Sender in einem einzigen Datenpaket nur einzelne Characters oder kurze Strings. Da diese wenigen Daten kein komplettes Datenpaket füllen würden, wird das Datenpaket durch Füllbits verlängert. Über die Ethernet Frame Truncation-Funktion kann der Empfänger die Füllbits aus den vergrößerten Datenpaketen entfernen. Dadurch werden weniger Daten über die Strecke übermittelt. Bei LAT-Applikationen über eine WAN-Strecke können Kompressionsraten von bis zu 3:1, bei anderen Protokollen von bis zu 2:1 erreicht werden. Der Empfänger des minimierten Ethernet-Datenpakets füllt die notwendigen Füllbits wieder auf und sendet anschließend das Datenpaket auf das lokale Netzwerk.

4.7 Sicherheit im Remote Access-Netzwerk

Der Netzwerkmarkt zählt zu den Bereichen der DV-Branche, in denen hohe Wachstumsraten verzeichnet werden. Unternehmen haben erkannt, wie wichtig es ist, möglichst vielen Mitarbeitern ausgesuchte Informationen bereitzustellen. Den Mitarbeitern wird ihre tägliche Arbeit erleichtert und ihre Produktivität steigt, Kunden können sich schnell über neue Leistungen informieren, die Kommunikationswege werden verkürzt.

Diese Entwicklung ließ in den letzten Jahren die Nachfrage nach Netzwerklösungen ansteigen. Die Hersteller reagierten darauf und erweiterten ihre Angebotspalette um zahlreiche neue Produkte. Ein Thema, das bei der Entwicklung neuer Komponenten eine wichtige Rolle spielt, ist die Integration von Sicherheitsfunktionen in die Netzwerklösungen. Denn die Verbindung von Niederlassungen über Netzwerke und die Anbindung der vormals geschlossenen Systeme an das Internet erfordert Mechanismen, die einen unberechtigten Zugriff auf das Netzwerk verhindern.

Remote Access

Mit dem Remote Authenticaton Dial In User Service (RADIUS) stehen den Netzwerkbetreibern erstmals Security-Funktionen für Client/Server-Anwendungen zur Verfügung.

Das RADIUS-System

RADIUS ist ein Client/Server-basierendes Security-Protokoll, das auf dem von der Network Access Server Working Group (IETF) empfohlenen Modell für verteilte Sicherheitssysteme beruht. Die Arbeiten an RADIUS sind mittlerweile soweit fortgeschritten, daß diese Spezifikationen als Standard im Internet eingesetzt werden sollen. Führende Hersteller haben RADIUS bereits in viele ihrer Produkte integriert. RADIUS gewährleistet bei Zugriffen von Remote-Systemen die Sicherheit im Netzwerk. Dabei werden – auf Basis einer zentralen Datenbank – die Authentifikation, die Benutzerberechtigung und die Konfigurationsparameter der sich einwählenden Komponenten überprüft. Zu den wichtigsten Funktionen die RADIUS bietet, zählen die Verwaltung eingehender und ausgehender Anrufe, der Wiederaufbau von unterbrochenen Verbindungen, das Accounting und die Bereitstellung von Quality-of-Service-Diensten.

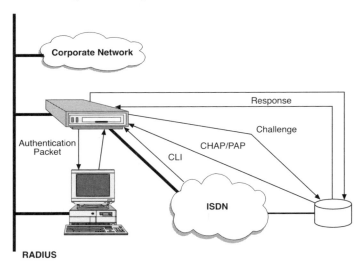

Abbildung 4.19. Funktionen des RADIUS-Systems

RADIUS überprüft die Zugriffe auf das unternehmensweite Netzwerk auf ihre Zugangsberechtigung. Diese Überprüfung erfolgt durch die Kommunikation zwischen dem Network Access Server (NAS) und der Remote Access-Komponente. Nach der Authentifizierung kann der Anwender nur auf Netzwerkanwendungen zugreifen, die für ihn freigegeben sind.

Eingehende Anrufe werden unter drei Gesichtspunkten geprüft:

1. Identifikationsnummer des Anwenders (Caller ID)
2. Anwendername
3. Sicherheits-Codes (PAP oder CHAP)

Baut der Client (1) eine Verbindung auf, wird der Call über die CHAP/PAP-Sequenz (2) initiiert. Anschließend sendet der NAS-Router eine Challenge an den Client (3). Dieser sendet in dem Antwortpaket einen Security-Schlüssel (4). Der Security-Schlüssel kann Bestandteil des Authentication-Datenpakets sein. Anschließend wird der Schlüssel vom NAS-Router über das Netzwerk an den Information-Server gesendet (5). Dieses Datenpaket enthält Informationen; beispielsweise NAS-Typ, IP-Adresse, Anwendername, Paßwort, Service-Typ und CHAP-Secret. Der Anwendername und das Paßwort werden verschlüsselt über das LAN oder das WAN gesendet. Dies verhindert, daß die Daten von Hackern (oder Technikern), die über einen Analysator verfügen, gelesen werden können.

Der Information-Server bestätigt die Informationen und konfiguriert anschließend automatisch das NAS-Netzwerk. Dadurch werden dem autorisierten Client alle Zugriffsrechte zur Verfügung gestellt, die seinem Authentifikationsgrad entsprechen (6). Der NAS-Router signalisiert anschließend dem Client die Fortführung der Kommunikationssitzung (7). Für den Anwender ist der innerhalb von Sekundenbruchteilen abgeschlossene Authentifizierungsprozeß transparent.

Ist nur eine der Informationen falsch, wird die Verbindung sofort abgebrochen und dem potentiellen Anwender wird der Zugriff auf das Netzwerk untersagt. Der illegale Zugriffsversuch wird im RADIUS Information Server protokolliert.

RADIUS kann in lokalen Netzwerken und in Weitverkehrsnetzen eingesetzt werden. Ein RADIUS-Server überprüft gleichzeitig zahlreiche RADIUS-Clients auf ihre Zugangsberechtigung.

Vorteile des ISDN

ISDN stellt für die Kommunikation zwischen zwei Standorten eine Alternative zu analogen Verbindungen dar. Wird ISDN eingesetzt, müssen die Koppelkomponenten (intelligente Router) dem Diensteangebot angepaßt werden. ISDN-Dienste können als „virtuelle Leitungen" in großen Netzwerken und Intranet-Netzwerken eingesetzt werden. Die neue ISDN-Router-Generation ermöglicht Hochgeschwindigkeitsverbindungen zwischen Client/Server-Netzwerken zu günstigen Preisen. Dies ist gerade bei der Anbindung von Remote Offices entscheidend, denn die Einführung von ISDN reduziert die Leitungskosten.

ISDN ist in folgenden Situationen die angemessene Lösung:

- Ein zu bestimmten Zeiten auftretendes hohes Datenaufkommen zwischen dem Unternehmensnetzwerk und Remote-Anwendern verhindert den Verbindungsaufbau zu entfernten Standorten.
- Um die Kosten niedrig zu halten, wird eine Verbindung während einer Sitzung unterbrochen und kann anschließend nicht wiederhergestellt werden (dies ist für Anwender kritisch, die mit Novell NetWare- oder Datenbankanwendungen arbeiten).
- Zur Kostenminimierung muß der Zugriff von Remote LANs auf das zentrale Netzwerk auf wenige Benutzer beschränkt werden.
- Sind für bestimmte Anwender Prioritätsstufen definiert, kann ohne die Installation neuer Systeme keine erhöhte Bandbreite zugeteilt werden.
- Remote Web-Standorten können nicht ohne weiteres verbunden werden. Dies führt dazu, daß kostenintensive Verbindungen eingerichtet werden müssen.

Unternehmen oder Intranet-Benutzer stellen höhere Ansprüche an die Verfügbarkeit von Quality-of-Service-Diensten als Internet-Anwender. RADIUS wurde daher um zusätzliche Funktionen erweitert. Damit erhalten Unternehmen und Intranet-Anwender, die in geswitchten Umgebungen arbeiten, die gewünschten Quality-of-Services. Gleichzeitig ist eine Kostenkontrolle möglich.

Session Reservation

Mit Session Reservations können im Laufe von Sitzungen unterbrochene Verbindungen jederzeit wiederhergestellt werden. Dies ist für Unternehmen wichtig, die Novell- oder Remote-Datenbankanwendungen einsetzen. Bei Unterbrechung einer ISDN-Verbindung stellen RADIUS-basierende Router Protokoll-Spoofing-Funktionen bereit. Damit kann die Verbindung schnell neu aufgebaut werden.

Erhöht sich in einem Remote Access-System die Auslastungsrate auf das Maximum, kommt es bei den Komponenten zu einer Überlastung. Der Einsatz eines Information Servers optimiert und sichert die Nutzung der Zugangskomponenten. Beim Zugriff über eine ISDN-Schnittstelle stellt er den einzelnen Leitungen des RADIUS-Routers die jeweilige Netzwerkressource exklusiv zur Verfügung. Bei Unterbrechung der ISDN-Verbindung wird die Session durch die Spoofing-Funktion aufrechterhalten: Die Endgeräte im lokalen Netzwerk erkennen nicht, daß die Verbindung unterbrochen wurde. Die Sitzung wird durch RADIUS direkt wiederhergestellt, sobald die entsprechende Verbindung wieder online ist. Beim erneuten Verbindungsaufbau werden die vorher für die Session ausgehandelten Sicherheitsfunktionen beibehalten.

Outgoing Call Management

Sämtliche Verbindungen vom zentralen Netzwerk auf Remote-Netzwerke beziehungsweise ihre Ressourcen werden durch RADIUS auf ihre Sendeberechtigung hin überprüft. Diese Überprüfung erfolgt in ähnlicher Form wie beim Incoming Call Management. Die Outgoing Call Management-Funktion ist ein elementarer Bestandteil zur Optimierung von ISDN-basierenden unternehmensweiten Netzwerken oder Intranets. Durch die Implementation der Outgoing Call Managements in MS Exchange hat diese Funktion einen hohen Stellenwert im Markt erreicht. In UNIX- und Windows-Umgebungen übertragen zentrale oder regionale Server E-Mails oder Updates zu den Remote-Servern. In diesem Fall tragen die Outgoing Call-Funktionen dazu bei, die Sicherheit im gesamten Netzwerk zu gewährleisten. Der Information Server stellt diese Sicherheitsfunktionen unter Berücksichtigung des Kostenfaktors der jeweiligen ISDN-Verbindungen bereit. Outcoming Call Managementfunktionen sind zudem wichtig, wenn bei Sitzungen – als Folge kurzfristig unterbrochener ISDN-Leitungen – keine Datenübermittlung zustande kommt. Die meisten Rechnersysteme versuchen, die Verbindung automatisch wiederherzustellen, indem ein Outgoing Call zum Remote-Rechner initiiert wird. Der Information Server arbeitet im Hintergrund und gewährleistet durch Sicherheitsfunktionen die Integrität des Netzwerks.

Quality-of-Services

In einem Intranet- oder einem Enterprise-Network werden über die Verbindungen zahlreiche Anwendungen geteilt. Hierzu zählt der Zugriff auf zentrale Datenbanken oder auf interne Web-Server. Bestimmte Anwendungen benötigen eine größere Bandbreite als andere. Gleichzeitig muß für alle über ISDN kommunizierenden Anwender der Zugang zur Zentrale gewährleistet sein. Einige Unternehmen müssen die Leitungskosten für ISDN-Leistungen entsprechend der genutzten Bandbreite abrechnen. Der Information Server ermöglicht dem Netzwerkmanager die exakte Festlegung der für die einzelnen Kommunikationskomponenten verfügbaren Bandbreite, beziehungsweise der bereitgestellten Zeitintervalle. Dadurch kann der Netzwerkbetreiber eine differenzierte Kostenzurechnung erstellen.

Optimierte Bandbreitenkontrolle

Für jedes Remote-Netzwerk (Standort), kann vom Netzwerkmanager die minimale und die maximale Bandbreite definiert werden. Dadurch können Remote-Standorte, die nur gelegentlich höhere Bandbreiten benötigen, jederzeit über das Normalmaß an Bandbreite hinausgehen. Die Definition einer Obergrenze der nutzbaren Bandbreite ermöglicht dem Netzwerkmanager, eine Überlastung der zentralen Netzzugangskomponenten zu verhindern.

Eine typische Bandbreitenverteilung könnte so aussehen: Einem Remote-Netzwerk wird ein Minimum von 64 KBit/s und ein Maximum von 256 KBit/s zur Verfügung gestellt. Die Spitzenlast kann nur erzeugt werden, wenn die Auslastung der ISDN-Leitungen bzw. die der Zugangskomponenten, innerhalb eines Schwellenwertes liegt. Führt ein hohes Verkehrsaufkommen dazu, daß der Schwellenwert überschritten wird, kann die maximale Bandbreite für das Remote-Netzwerk entsprechend den verfügbaren Ressourcen reduziert werden.

Abgestufte Dienste

Die Abstufung von Services nach unterschiedlichen Benutzerprofilen ermöglicht die Steigerung der Dienstequalität und deren Verfügbarkeit. Die Service-Stufen können vom Netzwerkmanager festgelegt werden. Auf dieser Basis kann der Information Server zwischen den Benutzerprofilen differenzieren. Anhand der Benutzerprofile werden den Anwendern die jeweiligen Funktionsstufen zur Verfügung gestellt. Außerdem ermöglichen die Benutzerprofile die Abrechnung der vom Anwender genutzten Dienste.

Der Netzwerkmanager kann die einzelnen Dienste individuell bezeichnen. Beispielsweise kennzeichnen die Begriffe Bronze, Silber und Gold die unterschiedlichen Service-Klassen und damit die Zuteilung der Bandbreite, beziehungsweise der Zeitintervalle, in denen die jeweilige Gruppe kommunizieren kann.

Service-Klasse	Zeit	Anzahl der Anwender	Anzahl der der Anwender	reservierte Leitungen
Gold	09.00 – 18.00	20	20	Remote-Offices, Netzwerkzentrale
Silber	09.00 – 18.00	5	10	Aufsichtsrat
Bronze	09.00 – 18.00	5	50	Vertrieb und Entwicklung
Gold	18.01 – 08.59	2	20	Remote-Offices
Silber	18.01 – 22.00	10	10	Geschäftsleitung
Bronze	18.01 – 22.00	8	50	Vertrieb und Entwicklung
Silber	22.01 – 08.59	5	10	Geschäftsleitung
Bronze	22.01 – 08.59	23	50	Vertrieb und Entwicklung

Tabelle 4.8. Beispiel für die Abstufung von Services über einen NAS-Router mit einem 30-Kanal-PRI-Interface

Die Gold-Services legen fest, daß alle Remote-Standorte während der Arbeitszeiten unbegrenzt über ISDN auf das zentrale Netzwerk zugreifen können. Dadurch ist sichergestellt, daß diese Ressourcen schnell und jederzeit ihre Daten in die Zentrale schicken können. Der Silber-Service wird hauptsächlich von Mitarbeitern während der regulären Arbeitszeit und am frühen Abend genutzt. Der Bronze-Service ist den mobilen Benutzern und „Nachtarbeitern" vorbehalten, da hier ein unregelmäßiger Zugriff die Regel ist.

Session Control

Session Control-Funktionen stellen sicher, daß die ISDN-Leitungen nur dann aktiviert werden, wenn die Benutzer ihre Daten übertragen wollen. Jede Sitzung kann bei Inaktivität automatisch abgeschaltet werden. Damit wird verhindert, daß Anwender die Leitung unnötig blockieren, wenn sie vergessen haben, sich abzumelden. Außerdem kann eine maximale Kommunikationszeit für jede Sitzung festgelegt werden. Auftretende Fehler führen nicht zur kontinuierlichen und ineffizienten Nutzung der ISDN-Leitung. Der Netzwerkmanager kann mit dieser Anwendung ein benutzerbezogenes Kostenmaximum (zum Beispiel pro Tag, Woche oder Monat) für die jeweiligen ISDN-Verbindungen festlegen.

Mobile Benutzer

Die Anzahl von mobilen Anwendern nimmt ständig zu. Sie müssen jederzeit und von jedem Ort aus auf das unternehmensweite Netzwerk zugreifen können. Der Information Server stellt Funktionen bereit, die mobilen Benutzern den Zugriff auf das Netzwerk – unabhängig vom Standort – mit den gleichen Quality-of-Services ermöglichen.

Call Accounting

Im Mittelpunkt jedes Service-Vorgangs steht das Call Accounting. Um den individuellen Anforderungen der Anwender gerecht zu werden, ist ein Maximum an Flexibilität hinsichtlich der Informationsauswahl erforderlich. Abrechnungsberichte werden von allen Systemen des Netzwerks erstellt und gesammelt übermittelt. Diese Berichte werden periodisch zusammengestellt und abgeglichen, und können im CVS-Format jedem geeigneten Rechnersystem zu Kalkulations- und Buchführungszwecken zur Verfügung gestellt werden. Ein solcher Bericht umfaßt Angaben wie NAS-Identifizierung, Anwendername, Caller-ID, Sitzungsdauer etc.

RADIUS ist ein Security-Protokoll für offene, skalierbare Client/Server-Lösungen, das Remote-Anwender identifiziert, ihre Netzzugangsberechtigung kontrolliert und sie dann als Anwender im System legalisiert. RADIUS stellt zahlreiche Funktionen und Dienste bereit, die auf die Anforderungen von Unternehmen, Internet Service Providern und Telekommunikationsanbietern ausgerichtet sind.

Das Protokoll ist geeignet für den Einsatz in:

- öffentlichen Unternehmen, die Zugangsmöglichkeiten zu Netzwerken bieten oder Informationen in Netzwerken zur Verfügung stellen. Hierzu zählen Internet Service Provider, Finanzinformations-Dienstleister oder Wissenschaftsinformationsdienste.
- unternehmensweiten Netzwerken, auf die international operierende Zweigstellen und Abteilungen an anderen Standorten zugreifen müssen, oder die externen Handelspartnern (den zum Teil gebührenpflichtigen) Zugang bieten. Hierzu zählen Finanzdienstleister, Universitäten und Software-Anbieter und große Unternehmen, die räumlich entfernten Niederlassungen oder Telearbeitern Zugriff auf das Netzwerk bieten und Internet-Verbindungen bereitstellen.

Die Organisationen müssen den Zugang von anderen Standorten auf ihre Netzwerke entweder über Modem oder ISDN-basierende Clients beziehungsweise Netzwerke gewährleisten.

4.8 Paketfilter im praktischen Einsatz

In Netzwerken beanspruchen Broadcasts und Explorer einen großen Teil der verfügbaren Bandbreite. Es ist daher wichtig, solche Frames durch geeignete Filter auf ein Minimum zu reduzieren. Mit der Einführung des Collapsed Backbone und mikrosegmentierter Arbeitsgruppen hat sich der Verkehrsfluß innerhalb der Netzwerke gravierend verändert. So befinden sich Server meist nicht mehr auf dem gleichen Segment wie die Clients. In modernen Netzwerken werden die Server-zu-Server-Frames an einer zentralen Stelle des Netzwerks gruppiert. Diese Änderung in der Topologie hat entscheidenden Einfluß auf den Umfang des zu verarbeitenden Broadcast- und Explorer-Verkehrs.

Da jeder Client versucht, seinen Server zu lokalisieren, werden diese Broadcast- und Explorer-Daten durch das gesamte Netzwerk verbreitet. Heute werden immer häufiger Peer-to-Peer-Implementationen realisiert. Diese Anwendungen bauen in der Regel auf broadcast-intensiven Protokollen (beispielsweise NetBIOS) auf und führen häufig zu unkontrollierbaren Broadcast-Storms, so daß schnell die gesamte Bandbreite des Netzes verbraucht wird.

In ähnlicher Weise unterhalten sich NetWare Server im Hintergrund mit ihren über das Netzwerk angeschlossenen Clients. Dabei propagieren die NetWare Server periodisch alle von ihnen angebotenen Dienste. In einer umfangreicheren Multi-Server-Netware-Umgebung kann dies die verfügbare Performance bzw. die Bandbreite stark beeinträchtigen. Werden neue Anwendungen (beispielsweise Multicast-Video-Streams, Videokonferenzen und andere zeitkritische Daten) über das Netzwerk abgewickelt, so wird das Verkehrsmanagement zur entscheidenden Größe für die Bereitstellung der verfügbaren Bandbreite. Nur durch ein flexibles Verkehrsmanagement ist den steigenden Anforderungen in Multiprotokollnetzwerken gerecht zu werden.

Nachstehend werden einfache Filtertechniken für den Einsatz in Netzwerken dargestellt. Diese Filter können bis zu 255 Bytes tief in ein Datenpaket hineinwirken und Weiterleitungsentscheidungen über eine Reihe von Bedingungen treffen.

4.9 Datenfilter im Einsatz

Die Anwendungsbeispiele illustrieren die Wirkungsweise des Packet-Filtering zur Verkehrssteuerung. Da es sich nicht um spezifische Produktbeispiele handelt, sind die Ausführungen als allgemeine Anleitung zum Aufbau von Filtern zu verstehen. Die Beispiele sind der spezifischen Netzwerkumgebung und ihren Bedingungen anzupassen.

Token-Ring-Filter

Für die Definition von Filtern in einem Token-Ring-Umfeld sind zwei Filter-Offsets von Bedeutung:

- MAC-Offset: Beginn im AC-Feld eines Token-Ring-Datenpakets
- LLC-Offset : Beginn im DSAP-Feld eines Token-Ring-Datenpakets

Soll beispielsweise Destination-Adresse ausgefiltert werden, muß der Filter für einen MAC-Typ mit einem Offset von 2 Bytes (1 Byte für AC, 1 Byte für FC) definiert werden.

Abbildung 4.20. Token-Ring-Filter-Offsets

Bei der Filterung von Ethernet-Datenpaketen ist nur ein einziger Offset-Typ (MAC-Offset) von Bedeutung. Dieser Offset startet immer im DA-Feld.

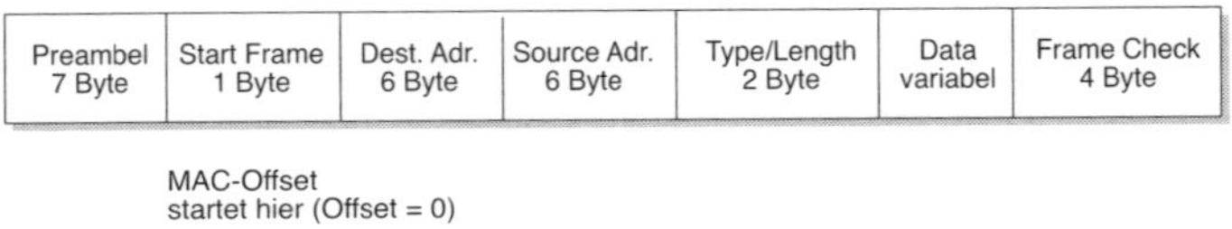

| Preambel 7 Byte | Start Frame 1 Byte | Dest. Adr. 6 Byte | Source Adr. 6 Byte | Type/Length 2 Byte | Data variabel | Frame Check 4 Byte |

MAC-Offset startet hier (Offset = 0)

Abbildung 4.21. Ethernet-Filter-Offset

Abhängig von der Anwendung können Ethernet-Stationen entweder nach dem Ethernet V2.0- oder Ethernet 802.3-Standard betrieben werden. Bei Ethernet V2.0-Datenpaketen wird das Typfeld zur Definition des nachfolgenden höheren Protokolls benutzt. Bei Ethernet 802.3-Datenpaketen wird das Längenfeld zur Anzeige der im nachfolgenden Datenteil enthaltenen Nutzdaten (in Byte) verwendet.

Ein Filter besteht immer aus einer oder mehreren Sequenzen, die die zu prüfenden Bedingungen und auszuführenden Handlungen spezifizieren. Das Ergebnis eines Filters ist jeweils abhängig von den Filterbedingungen, die entweder erfüllt oder nicht erfüllt werden. Wird eine Filterbedingung erfüllt, kann damit eine Handlung spezifiziert werden. Wird eine Filterbedingung nicht erfüllt, kann auch für diesen Fall eine alternative Handlung festgelegt werden.

Im Beispiel 1 wird ein Token-Ring-Filter definiert, der die Logik eines Filters (MAC-Typen und auch LLC-Typen) verdeutlicht. Ein Ethernet-Filter würde auf der gleichen Logik aufbauen, jedoch nur MAC-Offsets benutzen. Bevor ein Filter ausgeführt wird, wird der anfängliche Vermittlungszustand des Filters immer auf „normal" (Forward=NORM) gesetzt. Während der Verarbeitung kann der Ausgangszustand des Filters, entsprechend der jeweiligen Forwarding-Handlung, mit anderen Werten initialisiert werden.

Der Filter mit Namen FL_TR verfügt über zwei Sequenzen, die jeweils ein Kriterium überprüfen.

FL_TR verwirft alle Broadcasts, deren DSAP- und SSAP-Felder auf den Wert E0 gesetzt sind

Name	Seq	Type	Offset	Value (Hex)	Condition	Match	Fail	Forward	Monitor Dest.	Add. Dest.
FL_TR	1	MAC	2	FFFFFFFFFFFF	EQ	2	0	DROP		
	2	LLC	0	E0	EQ	0	255	NORM		

Abbildung 4.22.

Filterbeschreibung
Bei der Filtersequenz 1 in FL_TR handelt es sich um ein MAC-Offset von 2 Bytes. Dieses Offset zeigt auf die Zieladresse in einem Token-Ring-Datenpaket. Wird der betreffende Wert FFFFFFFFFFFF erkannt, dann geht der Filter in die Sequenz 2 der Filtergruppe über und reinitialisiert den Status der Frame Handling-Anweisung auf DROP (fwd=DROP). Trifft die Anweisung des Filters nicht zu (Sequenz 1 schlägt fehl), wird das betreffende Datenpaket weiter übermittelt und das Datenpaket wird regulär übermittelt. Die nächste Filtersequenz wird auf dem betreffenden Port (0 bedeutet Stop) nicht ausgeführt und der Weitervermittlungsstatus wird im Zustand NORM verlassen.

Die Filtersequenz 2 (LLC-Offset mit 0 Byte) wird nur ausgeführt, wenn die Bedingung von Filtersequenz 1 erfolgreich ist. Entspricht der Wert der Filtersequenz 2 gleich E0, dann wird die Prozedur gestoppt. Die nächste Filtergruppe wird so lange nicht bearbeitet, bis die Werte der Filteranweisung den Wert 0 ergeben. Anschließend wird das Datenpaket weitergeleitet. Gleichzeitig wird bei einer Übereinstimmung mit der Filterbedingung der Vermittlungszustand wieder auf den Wert = NORM gesetzt. Entspricht der Wert nicht dem Wert = E0, dann wird die nächste Filtergruppe bearbeitet. Der Zahlenwert 255 oder jeder andere Wert, der höher ist als die letzte Sequenzzahl der Filtergruppe, legt fest, daß zur nächsten eingesetzten Filtergruppe auf dem Port übergegangen werden soll. Der Vermittlungszustand bleibt dabei auf DROP und wird bei einer fehlenden Bedingung nicht reinitialisiert. Wird auf dem gleichen Port ein weiterer Filter eingesetzt, wird der anfängliche Vermittlungszustand des Datenpakets vom ersten Filter übertragen.

Im vorliegenden Fall, in dem die letzte Bedingung nicht der Filterbedingung entspricht, wird der Vermittlungszustand DROP übertragen. Wurde auf dem Port kein weiterer Filter definiert, so sorgt diese Bedingung dafür, daß der letzte Vermittlungszustand (hier: Drop-the-Frame) ausgeführt wird. Das Ergebnis des Filters führt dazu, daß alle Token-Ring-Datenpakete mit einem DSAP-Wert ungleich E0 auf dem betreffenden Port verworfen werden. Alle anderen Datenpakete werden auf normalem Weg weitergereicht.

Explorer-Filter für Token-Ring-Netze

Name	Seq	Type	Offset	Value (Hex)	Condition	Match	Fail	Forward	Monitor Dest.	Add. Dest.
FLTR_A	1	MAC	8	80	GE	2	255	NORM		
	2	MAC	14	80	GE	0	0	DROP		

bbildung 4.23. Explorer-Filter für Token-Ring-Netze

Filterbeschreibung

Die FLTR__A-Filtersequenz entspricht einer MAC-Filter-Bedingung mit einem Offset von 8 Bytes. Dieses Offset zeigt genau auf den Anfang des Source-Adreßfeldes. Diese Sequenz prüft, ob in dem betreffenden Datenpaket der Source-Routing-Indikator gesetzt wurde. Entspricht das erste Byte der Source-Adresse einem Wert gleich oder größer 80, dann wird die Sequenz 2 auf dem betreffenden Port ausgeführt. Mit Hilfe der Sequenz 2 wird ein Sprung von 14 Bytes im MAC-Datenpaket ausgeführt und die Broadcast-Indikatoren im Routing-Kontrollfeld werden überprüft. Alle Datenpakete, die diese Bedingung nicht erfüllen, werden vom betreffenden Port auf normalem Weg weitergereicht.

Ausfiltern von Spanning Tree Explorern

Name	Seq	Type	Offset	Value (Hex)	Condition	Match	Fail	Forward	Monitor Dest.	Add. Dest.
FLTR_B	1	MAC	8	80	GE	2	255	NORM		
	2	MAC	14	C0	GE	0	255	DROP		

Abbildung 4.24. Ausfiltern von Spanning Tree Explorern

Filterbeschreibung

Die FLTR_B-Filtersequenz 1 mit einem MAC-Offset-Feld von 8 Bytes prüft das Routing-Indikator-Bit. Wurde das Routing-Indikator-Feld auf den Wert = 1 gesetzt, so wird die Sequenz 2 abgearbeitet und überprüft, ob es sich bei dem Datenpaket um einen Spanning Tree Explorer Frame handelt. Ist dies der Fall, wird die Datenübermittlung gestoppt und das Datenpaket verworfen. Entspricht das Datenpaket nicht der Bedingung, so wird es vom betreffenden Port auf normalem Weg weitergereicht. Wurde der Routing-Indikator nicht auf den Wert = 1 gesetzt, wird die nächste Filtergruppe bearbeitet. Wenn es keine weiteren Filtergruppen gibt, wird der Frame wie üblich weitervermittelt.

NetBIOS-Filter
Filtern von NetBIOS-Datenpaketen (802.3-Format) auf Ethernet-Ports

Name	Seq	Type	Offset	Value (Hex)	Condition	Match	Fail	Forward	Monitor Dest.	Add. Dest.
FLTR_A	1	MAC	14	F0	EQ	0	255	DROP		

Abbildung 4.25. Filtern von NetBIOS-Datenpaketen (802.3-Format) auf Ethernet-Ports

Filterbeschreibung
Mit Hilfe der FLE_A-Filtersequenz 1 wird ein 14 Byte langes MAC-Offset definiert und das DSAP-Feld in einem 802.3 Ethernet-Datenpaket ausgelesen. Entspricht das DSAP-Feld einem Wert = F0, dann wird das Datenpaket verworfen. In allen anderen Fällen wird das Datenpaket vom betreffenden Port auf normalen Weg weiter gereicht.

Verwerfen von NetBIOS Frames auf einem Token-Ring-Port

Name	Seq	Type	Offset	Value (Hex)	Condition	Match	Fail	Forward	Monitor Dest.	Add. Dest.
FLTR_D	1	LLC	0	F0	EQ	0	255	DROP		

Abbildung 4.26. Verwerfen von NetBIOS Frames auf einem Token-Ring-Port

Filterbeschreibung
Bei der FLTR_D-Filtersequenz 1 handelt es sich um ein LLC-Offset mit 0 Byte und welches auf das DSAP-Feld in einem Token-Ring-Datenpaket zeigt. Wird ein DSAP-Feld mit einem Wert F0 (Service Access Point für NetBIOS) festgestellt, wird das Datenpaket verworfen.

Filtern von Single-Route und All-Route NetBIOS Explorer Frames

Name	Seq	Type	Offset	Value (Hex)	Condition	Match	Fail	Forward	Monitor Dest.	Add. Dest.
FLTR_B	1	LLC	0	F0	EQ	2	255	NORM		
	2	MAC	8	80	GE	3	255	NORM		
	3	MAC	14	80	GE	0	255	DROP		

Abbildung 4. 27. Filtern von Single-Route und All-Route NetBIOS Explorer Frames

Filterbeschreibung
Die FLTR_E-Filtersequenz 1 prüft, ob es sich bei dem betreffenden Datenpaket um ein NetBIOS-Datenpaket handelt. Entspricht der Wert des DSAP-Feldes dem Wert = F0, dann wird die Filtersequenz 2 ausgeführt. Bei der Sequenz 2 handelt es sich um einen MAC-Filter mit einem Offset von 8 Byte zur Prüfung des Routing-Indikator-Bits. Wird der Wert = 1 für das Routing-Indikator-Bit festgestellt, wird die Sequenz 3 abgearbeitet. Die Sequenz 3 überprüft, ob es sich bei dem betreffenden Datenpaket um ein Explorer-Datenpaket handelt. Trifft diese Filterbedingung zu, wird das Datenpaket verworfen.

Routing light

Remote Access

SNA-Filter
Weiterleitung von SNA-Datenpaketen und das Ausfiltern anderer Pakettypen

Name	Seq	Type	Offset	Value (Hex)	Condition	Match	Fail	Forward	Monitor Dest.	Add. Dest.
FLTR_F	1	LLC	0	00	NE	2	0	DROP		
	2	LLC	0	04	EQ	0	0	NORM		

Abbildung 4.28. Weiterleitung von SNA-Datenpaketen und Ausfiltern anderer Pakettypen

Filterbeschreibung

Mit der Filtersequenz 1 werden alle Datenpakete ermittelt, mit Ausnahme der Datenpakete, die ein DSAP-Feld mit dem Wert = 00 versieht (diese werden üblicherweise als SNA-Test-Poll-Frames zum Auffinden von Hosts verwendet). Solche Datenpakete werden von der Filtersequenz 1 normal weitergeleitet. Andernfalls wird der Frame-Status vom Anfangszustand NORM auf DROP gesetzt. Wenn Sequenz 2 die SNA-Kennung 04 im DSAP-Feld erkennt, wird das Datenpaket normal weitergeleitet. Hat die Sequenz 2 jedoch ein negatives Ergebnis (das Datenpaket enthält kein DSAP-Feld mit dem Wert = 04), wird die Filterprozedur abgebrochen und der vorherige Frame-Status wird benutzt. In diesem Fall hieße das: „DROP the Frame".

Weiterleitung von SNA-Datenpaketen und das Ausfiltern aller anderen Datenpakete auf einem Ethernet-Port (802.3)

Name	Seq	Type	Offset	Value (Hex)	Condition	Match	Fail	Forward	Monitor Dest.	Add. Dest.
FLE_B	1	MAC	14	00	NE	2	0	DROP		
	2	MAC	14	04	EQ	0	0	NORM		

Abbildung 4.29. Weiterleitung von SNA-Datenpaketen und Ausfiltern aller anderen Datenpakete auf einem Ethernet-Port (802.3)

Filterbeschreibung

Mit der Filtersequenz 1 wird ein 802.3 Ethernet-Datenpaket auf Vorhandensein eines DSAP-Feldes mit dem Wert 00 überprüft. Ergibt die Prüfung des DSAP-Feldes einen Wert ungleich 00, dann wird zur Filtersequenz 2 übergegangen und der Weiterleitungsstatus auf den Wert = DROP gesetzt. Ergibt die Gleichheitsprüfung ein DSAP-Feld mit dem Wert 00, dann wird das Datenpaket weitergeleitet. Die Filtersequenz 2 überprüft das Vorhandensein eines DSAP-Wertes von 04 (04 = SNA). Trifft diese Bedingung zu, wird das Datenpaket weitergeleitet, und der Vermittlungszustand wird auf den Wert = NORM gesetzt. Entspricht das DSAP-Feld nicht dem Wert = 04, wird das Datenpaket verworfen.

Datenfilter im Einsatz

Weiterleitung von SNA-Datenpaketen und das Ausfiltern aller anderen Datenpakete auf einem Ethernet-Port (Ethernet V.2)

Name	Seq	Type	Offset	Value (Hex)	Condition	Match	Fail	Forward	Monitor Dest.	Add. Dest.
FLE_C	1	MAC	12	80d5	NE	0	0	DROP		

Abbildung 4.30. Weiterleitung von SNA-Datenpaketen und das Ausfiltern aller anderen Datenpakete auf einem Ethernet-Port (Ethernet V.2)

Filterbeschreibung

Die Filtersequenz 1 überprüft, ob das Protokolltypfeld des Ethernet-Datenpakets einen Wert = 80d5 (Kennung für alle SNA-Dienste auf Ethernet) enthält. Wird dieser Wert nicht im Typfeld erkannt, so wird das Datenpaket verworfen und der Weiterleitungsstatus wird auf den Wert = DROP gesetzt. Wird ein Typfeld mit dem Wert = 80d5 erkannt, dann wird das Datenpaket an den Port weitergeleitet.

IPX Filter
Ausfiltern von Token-Ring IPX-Daten und die Weiterleitung aller anderen Pakettypen

Name	Seq	Type	Offset	Value (Hex)	Condition	Match	Fail	Forward	Monitor Dest.	Add. Dest.
FLTR_G	1	LLC	0	E0	EQ	0	255	DROP		

Abbildung 4.31. Ausfiltern von Token-Ring IPX-Daten und die Weiterleitung aller anderen Pakettypen

Filterbeschreibung

Die FLTR_G-Filtersequenz 1 definiert einen LLC-Filter ohne Byte-Offset und zeigt auf das DSAP-Feld in einem Token-Ring-Datenpaket. Wird ein DSAP-Wert = E0 festgestellt, so wird das Datenpaket verworfen und der Weiterleitungsstatus auf den Wert = DROP gesetzt. Alle anderen DSAP-Werte führen nicht zum Verwerfen der Datenpakete.

Ausfiltern von Ethernet V2.0 IPX-Daten und die Weiterleitung aller anderen Pakettypen

Name	Seq	Type	Offset	Value (Hex)	Condition	Match	Fail	Forward	Monitor Dest.	Add. Dest.
FLE_D	1	MAC	12	8137	EQ	0	255	DROP		
FLE_E	2	MAC	12	8138	EQ	0	255	DROP		

Abbildung 4.32. Ausfiltern von Ethernet V2.0 IPX-Daten und die Weiterleitung aller anderen Pakettypen

Filterbeschreibung
In diesem Beispiel werden die Filtersequenz FLE_D und die Filtersequenz FLE_E auf einem Port angewendet. Zur Prüfung der IPX-Protokolltypen sind zwei Filter notwendig, da dieses Protokoll sowohl die Typkennung 8137 als auch 8138 benutzt. Die FLE_D-Filtersequenz 1 prüft das Protokolltypfeld auf den Wert = 8137. Liegt eine Übereinstimmung mit der Filtersequenz vor, wird das Datenpaket verworfen und der Weiterleitungsstatus auf den Wert = DROP gesetzt. Die nachfolgende Filtersequenz FLE_E wird daher nicht mehr ausgeführt. Ergibt die Filtersequenz FLE_D keine Gleichheit mit dem Wert = 8137, wird die nachfolgende Filtersequenz ausgeführt und der Vermittlungszustand des Datenpakets bleibt auf dem Wert = NORM. Entspricht das Typfeld gemäß Filtersequenz FLE_E dem Wert 8138, wird das Datenpaket ebenfalls verworfen. Ergibt diese zweite Prüfung auch keine Gleichheit mit dem zweiten Filterwert, dann wird das Datenpaket an den betreffenden Port weitergeleitet.

Ausfiltern von Token-Ring IP-Datenpaketen

Name	Seq	Type	Offset	Value (Hex)	Condition	Match	Fail	Forward	Monitor Dest.	Add. Dest.
FLTR_H	1	LLC	6	0800	EQ	0	255	DROP		

Abbildung 4.33. Ausfiltern von Token-Ring IP-Datenpaketen

Filterbeschreibung
Die FLTR_H-Filtersequenz 1 stellt einen LLC-Filter mit einem 6 Byte-Offset dar. Die Aufgabe dieses Filters besteht in der Erkennung des Typfeldwerts 0800 im SNAP-Subheader eines Token-Ring-Datenpakets. Bei Übereinstimmung wird das betreffende IP-Datenpaket verworfen und ausgefiltert.

Ausfiltern von Ethernet V2.0 IP-Datenpaketen

Name	Seq	Type	Offset	Value (Hex)	Condition	Match	Fail	Forward	Monitor Dest.	Add. Dest.
FLE_F	1	MAC	12	0800	EQ	0	255	DROP		

Abbildung 4.34. Ausfiltern von Ethernet V2.0 IP-Datenpaketen

Filterbeschreibung
Die FLE_F-Filtersequenz 1 untersucht das Protokolltypfeld in einem Ethernet V2.0-Datenpaket. Ergibt der Vergleich des empfangenen Datenpakets einen Typfeldwert = 0800, dann wird das Datenpaket ausgefiltert.

Datenfilter im Einsatz

Ausfiltern von Token-Ring ARP- und RARP-Datenpaketen

Name	Seq	Type	Offset	Value (Hex)	Condition	Match	Fail	Forward	Monitor Dest.	Add. Dest.
FLTR_I	1	LLC	6	0806	EQ	0	2	DROP		
	2	LLC	6	0835	EQ	0	255	DROP		

Abbildung 4.35. Ausfiltern von Token-Ring ARP- und RARP-Datenpaketen

Filterbeschreibung
Die FLTR_I-Filtersequenz 1 definiert ein LLC-Offset von 6 Byte. Damit wird im SNAP-Header das Typfeld gekennzeichnet. Entspricht dieses Feld dem Wert = 0806 (ARP), dann wird das Datenpaket verworfen. Der Weiterleitungsstatus des Datenpakets wird dadurch auf DROP gesetzt. Handelt es sich beim Datenpaket um keinen ARP-Frame, wird zur Filtersequenz 2 übergegangen. Diese Sequenz überprüft, ob es sich bei dem betreffenden Datenpaket um eine RARP-Kennung handelt. Entspricht das Typfeld dem Wert 0835 (RARP), wird das Datenpaket verworfen.

Ausfiltern von Ethernet ARP- und RARP-Datenpaketen

Name	Seq	Type	Offset	Value (Hex)	Condition	Match	Fail	Forward	Monitor Dest.	Add. Dest.
FLE_G	1	MAC	12	0806	EQ	0	2	DROP		
	2	MAC	12	0835	EQ	0	255	DROP		

Abbildung 4.36. Ausfiltern von Ethernet ARP- und RARP-Datenpaketen

Filterbeschreibung
Die FLE_G-Filtersequenz 1 überprüft, ob das Protokolltypfeld in einem Ethernet V2.0 dem Wert = 0806 (ARP) entspricht. Wird eine Übereinstimmung festgestellt, wird das Datenpaket verworfen und die nachfolgende Filtersequenz nicht ausgeführt. Wird keine Übereinstimmung mit Filtersequenz 1 festgestellt, wird die Filtersequenz 2 ausgeführt. Dabei wird das Vorhandensein einer RARP-Kennung (0835) untersucht. Liegt eine Übereinstimmung vor, so wird das RARP-Datenpaket verworfen. Enthält das betreffende Datenpaket weder eine ARP- noch eine RARP-Kennung, wird das Ethernet-Datenpaket weitergeleitet.

Remote Access

Ausfiltern von Token-Ring-Banyan-Datenpaketen

Name	Seq	Type	Offset	Value (Hex)	Condition	Match	Fail	Forward	Monitor Dest.	Add. Dest.
FLTR_J	1	LLC	6	0BAD	EQ	0	255	DROP		

Abbildung 4.37. Ausfiltern von Token-Ring-Banyan-Datenpaketen

Filterbeschreibung

Mit der FLTR_J-Filtersequenz 1 werden alle LLC-Datenpakete mit SNAP-Typkennnungen = 0BAD (Banyan Vines) ausgefiltert und verworfen.

Ausfiltern von Ethernet DEC LAT-Datenpaketen

Name	Seq	Type	Offset	Value (Hex)	Condition	Match	Fail	Forward	Monitor Dest.	Add. Dest.
FLE_H	1	MAC	12	6004	EQ	0	255	DROP		

Abbildung 4.38. Ausfiltern von Ethernet DEC LAT-Datenpaketen

Filterbeschreibung

Die FLE_H-Filtersequenz 1 überprüft das Protokolltypfeld eines Ethernet V2.0-Datenpakets auf den Wert = 6004 (LAT). Entspricht das Typfeld dem Wert = 6004, dann wird das Datenpaket ausgefiltert.

5 Die höheren Protokolle

Um sich Daten auf den beiden unteren Schichten zusenden zu können, müssen sich die beteiligten Rechner zunächst einmal über die Übertragungsmodalitäten verständigen. Im einfachsten Fall kann dies als Raw Datastream erfolgen: Die Nutzdaten werden direkt in ein netzspezifisches Datenpaket eingepackt, das mit Hilfe der minimalen Schicht-2-Mechanismen an den Empfänger geschickt wird. In einigen Anwendungen ist diese Strategie erfolgreich zu realisieren, aber in einem großen herstellerübergreifenden Datennetzwerk ist dies nicht ratsam, da nur wenige Fehlerkorrekturmechanismen zur Verfügung stehen. Meist wird die Kommunikation zwischen zwei Rechnern über eine eigene Hochsprache, das Übertragungsprotokoll, geregelt. In der Rechnerkommunikation gab es lange keine übergreifenden Konventionen für die höheren Protokolle. Jeder Hersteller mußte seine eigenen Protokollsätze entwickeln, da keine Standards vorlagen.

Private Protokolle	Hersteller	Allgemeine Protokolle
DECnet	Digital Equipment	OSI/ISO
LAT	Digital Equipment	TCP/IP
SNA/SDLC	IBM	XNS (bis Schicht 4)
Netbios	IBM	X.25
XNS	Xerox	
IPX	Novell	
Xodiac	Data General	
XTP	Protocol Engine	
Vines	Banyan	
LANManager	Microsoft	

Tabelle 5.1. Die wichtigsten Protokolle

Neben den „privaten" Protokollen setzten sich Protokolle mit herstellerübergreifendem Charakter durch. Die von Rank Xerox entwickelten XNS- (Xerox Network System) Protokollspezifikationen wurden als Xerox System Integrations-Standard veröffentlicht. Dieses Dokument definiert alle XNS-Protokolle bis zur Schicht 4. Durch ihre Freigabe wurde es ermöglicht, auf den Schichten 3 und 4 Kompatibilität zwischen den Produkten einzelner Hersteller zu erreichen. Das XNS-Protokoll dominierte lange – als einziges „herstellerunabhängiges" Protokoll – den LAN-Bereich. Parallel zum XNS-Protokoll entstanden in den letzten fünfzehn Jahren echte herstellerunabhängige Protokolle, die unter den Kurzbezeichnungen OSI (Open Systems Interconnection) und TCP/IP (Transmission Control Protocol/Internet Protocol) bekannt wurden. Die OSI-Protokolle werden von der International Standardardization Organization (ISO) festgelegt. Sie definieren Protokollsätze, die auf den Grundlagen der Open System Interconnection (OSI) basieren. Die OSI-Protokolle sind zwar in vielen Produkten implementiert, haben sich allerdings wegen ihres Facettenreichtums und Funktionsumfangs noch nicht als „das Kommunikationsprotokoll" durchsetzen können. Die unter der Bezeichnung TCP/IP zusammengefaßten Protokolle stellen heute den Defacto-Marktstandard im LAN-Bereich dar. Die Entwicklung der TCP/IP-Protokolle wurde vom US-Verteidigungsministerium (Department of Defence/DoD) initiiert. Aus dem Bereich der Kommunikation zwischen Rechnern verschiedener Hersteller ist dieser Standard nicht mehr wegzudenken, denn TCP/IP steht für alle relevanten Rechnertypen zur Verfügung und ist kostengünstig zu realisieren.

Diese Protokolle werden wie die privaten Protokolle als Datenpakete über ein paketvermittelndes Datennetzwerk vom Sender zum Empfänger übermittelt. Die Funktionen und Leistungen, die ein Protokoll erbringt, lassen seine Kategorisierung in zwei Protokollklassen zu:

- verbindungslose Protokolle (Connectionless Protocols)
- verbindungsorientierte Protokolle (Connection orientied Protocols)

Verbindungslose Protokolle

Jedes Datenpaket wird als unabhängiges Datagramm durch das Netzwerk an den Empfänger übermittelt. Ein Verbindungsauf- oder -abbau erfolgt dabei nicht. Für jedes Datagramm wird innerhalb des Netzwerks der optimale Weg ermittelt. Datagramme können sich auf dem Weg zum Empfänger überholen und in geänderter Reihenfolge beim Empfänger eintreffen. Die Aufgabe, die Datenpakete wieder in die richtige Reihenfolge zu bringen und eine Fehlerüberprüfung (Ende-zu-Ende-Kontrolle) vorzunehmen, kann eine höhere Schicht übernehmen. Ein verbindungsloses Protokoll kann keine verlorenen Datagramme neu generieren und keine Datagramme, die von der darunterliegenden Schicht abgelehnt wurden, erneut übertragen. Der große Vorteil der verbindungslosen Protokolle liegt in ihrem geringen Overhead, der sich bei der Übermittlung in einer hohen Nettodatenrate positiv bemerkbar macht.

Verbindungsorientierte Protokolle

Bei den verbindungsorientierten Protokollen werden verschiedene Dienste gewährleistet: Ein gesicherter Verbindungsaufbau, die Aufrechterhaltung der Verbindung während des gesamten Datentransfers und ein gesicherter Verbindungsabbau. Die über die Verbindung übermittelten Daten werden fortlaufend numeriert, auf Fehler überprüft und zeitlich überwacht. Fehlerhafte oder verlorengegangene Daten werden erneut gesendet. Durch die Fehlerbehandlungsmechanismen und durch den großen Protokoll-Overhead sind verbindungsorientierte

Protokolle zwar wesentlich langsamer als verbindungslose Protokolle, bieten jedoch auch Vorteile bei der Übermittlung von großen Datenmengen beziehungsweise bei einer Übermittlung über Transportmedien, die eine hohe Fehlerrate aufweisen.

5.1 XNS-Protokolle

Die Xerox Network Standard Protocols, bekannter unter der Bezeichnung XNS-Protokolle, wurden Ende der siebziger, Anfang der achtziger Jahre von der Xerox Corporation entwickelt. Da ihre Entwicklung im Xerox Labor des Palo Alto Research Center (PARC) erfolgte, werden ssie heute häufig auch noch als PARC-Protokolle bezeichnet. 1980 wurden die XNS-Protokolle als Xerox System Integration-Standard (bis zur Schicht 4 des OSI-Referenzmodells) veröffentlicht. Fast alle Hersteller verwendeten sie als Basis bei der Entwicklung der ersten Generation ihrer LAN-Komponenten.

	OSI-Referenzmodell	XNS-Protokolle	
7	Application Layer Anwendungsschicht	Level-4-Protokolle (Application Protocols)	Virtual Terminal (VT)
6	Presentation Layer (Daten-)Darstellungsschicht	Level-3-Protokolle (Control Protocols)	Courier
5	Session Layer Kommunikations- steuerungsschicht		Filing Printing Clearinghouse
4	Transport Layer Transportschicht	Level-2-Protokolle (Transportprotokolle)	Echo Error Sequenced Packet Packet Exchange Routing Information (RIP)
3	Network Layer Vermittlungsschicht	Level-1-Protokolle (Transportprotokolle)	Internet Protocol (IP)
2	Data Link Layer Datensicherungsschicht (Logische Verbindung)	Level-0-Protokolle (Transmission Media Protocols)	Ethernet Token-Ring FDDI
1	Physical Layer Bitübertragungsschicht (Physikalische Verbindung)		

Abbildung 5.1. OSI-Referenzmodell und XNS-Protokolle

Level-0-Protokolle

Die Level-0-Protokolle des XNS-Protokolls definieren Schicht 1 und Schicht 2 (die Übertragungsmechanismen und das Media Access Control/MAC) des OSI-Referenzmodells. Diese Protokolle werden in der XNS-Terminologie als Transmission Media Protocols bezeichnet. Zu den bekanntesten Level-0-Protokollen zählen das X.25 Network, die IEEE 802.x Networks (IEEE 802.3, CSMA/CD; IEEE 802.5 Token-Ring), das Ethernet, die NetBIOS Networks, die Serial Lines, die ARCnet Networks, die Hyperchannel Networks und die FDDI Networks.

Level-1-Protokolle
Die Level-1-Protokolle entsprechen den Funktionen der Schicht 3 des OSI-Referenzmodells. Die Level-1-Protokolle werden auch als Transportprotokolle der ersten XNS-Schicht bezeichnet. Auf dieser Schicht ist beim XNS-Protokoll das Internet Protocol (IP) angesiedelt. Es setzt auf den Diensten der Schicht 2 auf und ist unabhängig von den darunterliegenden Schichten. Das XNS IP-Protokoll übernimmt Adreß- und Routing-Funktionen und ermöglicht den Versand von Datagrammen.

Level-2-Protokolle
Die XNS-Protokolle, die auf dem Transport Layer (Schicht 4) angesiedelt sind, werden als Level-2-Protokolle oder Transportprotolle der zweiten XNS-Schicht bezeichnet. Auf dem XNS Level 2 sind fünf Protokolle angesiedelt: Das Echo Protocol, das Error Protocol, das Packet Exchange Protocol, das Sequenced Packet Protocol und das Routing Information Protocol (RIP). Das Echo Protocol dient zum Test einer Verbindung zwischen Kommunikationspartnern. Das Error Protocol wird zum Versenden von Fehler- und Statusmeldungen zwischen Kommunikationspartnern eingesetzt. Das Packet Exchange Protocol bietet einen ungesicherten Transportmechanismus. Das Sequenced Packet Protocol unterstützt einen kompletten, gesicherten und fehlerfreien Transport-Service mit voller Ende-zu-Ende-Kontrolle. Das Routing Information Protocol unterstützt die automatische Wegewahl (Routing) in LANs und WANs.

Level-3-Protokolle
Die XNS-Protokolle der Schicht 5 und 6 werden als Level-3-Protokolle bezeichnet. Die Level-3-Protokolle werden in der XNS-Terminologie als Control Protocols bezeichnet. Die XNS-Protokolle oberhalb der Transportschicht wurden von Xerox nicht veröffentlicht. So mußten die Hersteller von Komponenten, die auf den XNS-Protokollen basieren, ihre eigenen herstellerspezifischen Level-3-Protokolle implementieren.

Level-4-Protokolle
Die auf der Schicht 7 realisierten XNS-Protokolle werden als Level-4-Protokolle oder als Application Protocols bezeichnet. Xerox veröffentlichte die Level-4-Protokolle nicht, daher existieren zahlreiche Implementationen von XNS-Anwendungsprogrammen.

5.2 IPX/SPX-Protokolle

Die Novell Corporation Inc. setzt für ihr PC LAN-Betriebssystem (Novell NetWare) eine Variante der XNS-Protokolle ein. Novell NetWare unterstützt folgende Protokolle: Die Medium Access Protocols, das Internet Packet Exchange Protocol, das Routing Information Protocol, das Service Advertising Protocol und das NetWare Core Protocol. Die Medium Access Protocols sind bei Novell NetWare auf den beiden untersten Schichten des OSI-Referenzmodells angesiedelt. Diese Protokolle unterstützen viele Netzwerktopologien (Ethernet, Token-Ring, FDDI und ARCnet). Das Internet Packet Exchange Protocol (IPX) wird bei Novell Netware auf der Schicht 3 eingesetzt. Beim IPX-Protokoll handelt es sich um eine Modifikation des von Xerox entwickelten Internetwork Datagram Protocols. Das Novell NetWare Routing Information Protocol (RIP) arbeitet auf der Schicht 4 des OSI-Referenzmodells. Das NetWare RIP-Protokoll dient der Auffindung der schnellsten und besten Verbindung zwischen NetWare Routern. Beim NetWare RIP handelt es sich um eine Variante des RIP von Xerox. Das Service Advertising Protocol (SAP) sorgt für die periodische Bekanntmachung von NetWare Services über das Netzwerk. Das NetWare Core Protocol kümmert sich um die Dienste zwischen Clients und File Servern, zum Beispiel um das Connection Control und das Service Request Encoding.

5.3 DECnet-Protokolle

Als Bestandteil der Digital Network Architecture (DNA) wurden nach 1976 die DECnet-Protokolle (DECnet Phase 1) der Firma Digital Equipment Corporation (DEC) entwickelt. DECnet Phase 1 ermöglichte den File Transfer zwischen zwei PDP-11-Minicomputern. DECnet Phase 2 erlaubte die Kommunikation mit weiteren Rechnern (DEC-10, DEC-20, VAX), beschränkte aber die Funktionalität weiterhin auf reine Punkt-zu-Punkt-Verbindungen. DECnet Phase 3 wurde 1980 veröffentlicht und führte Funktionen wie Routing und Netzwerkmanagement ein. Maximal konnten 255 Rechner an einem Netzwerk unterstützt werden. Digital Equipment gehört neben Intel und Xerox (diese drei Herstellerfirmen werden auch als DIX-Gruppe bezeichnet) zu den Wegbereitern des Ethernet-Standards.

1982 wurde mit DECnet Phase 4 auch dieses verteilte gemeinsame Kommunikationsmedium integriert und konsequent zur Verbindung zwischen den DEC-Rechnern eingesetzt. Neben der LAN-Technik wurden die im Wide Area Network (WAN) üblichen X.25-Protokolle, einige Gateway-Funktionen (DECnet ↔ SNA) und die Unterstützung größerer, verteilter Netzwerkstrukturen integriert. DECnet Phase 4 ist die am weitesten verbreitete DECNet-Variante. Optional steht für DEC-Rechner seit 1989 ein vollständiger TCP/IP-Protokollsatz zur Verfügung. Seit 1991 ist die DECnet Phase 5 verfügbar, die als DECs Strategie in Hinsicht auf OSI interpretiert werden darf.

DECnet Phase 4

DECnet Phase 4 der DECnet Network Architecture (DNA) basiert vorwiegend auf den Ethernet-Komponenten von DEC. Die Verbindung zwischen den LANs wird über Repeater, Bridges oder Router hergestellt. Die DECnet-Knoten kommunizieren mit LAN und WAN über separate physikalische Controller. Als Verbindungsmechanismen zum WAN werden Telefonleitungen (Modems) und Packet Switched Public Data Networks (PSPDN) über X.25 unterstützt. Auf dem Data Link Layer (Schicht 2) sind drei Data Link-Module mit unterschiedlichen Protokollen integriert.

Das erste Modul ermöglicht die Kommunikation über Punkt-zu-Punkt- oder über Multipunkt-Verbindungen. Hierfür wird das Digital Data Communications Message Protocol (DDCMP) eingesetzt. Das DDCMP ist ein characterorientiertes Protokoll und kann im asynchronen und im synchronen Betrieb eingesetzt werden.

Das zweite Modul, das Data Link Layer-Modul, dient der Kommunikation mit X.25-Netzwerken und unterstützt die Link Access Procedure Balanced (LAPB) nach ISO 7776. Das LAPB ist ein Subset des im ISO-Standard ISO 7809 beschriebenen High Level Data Link Control (HDLC) Protocol. LAPB und HDLC zählen zu den synchronen Kommunikationsprozeduren.

Als weiteres Data Link Layer-Modul wird bei DECnet Phase 4 die Kommunikation über das Ethernet unterstützt. Im Gegensatz zu anderen Kommunikationsprotokollen kann DECnet Phase 4 nicht mit IEEE 802.3-Geräten kommunizieren.

Oberhalb des Data Link Layers sind angesiedelt: Die Network Layer (DECnet Routing Protocol/DRP), Transport (DECnet End Communication Layer/ECL mit dem Network Service Protocol/NSP) und Session Layer (Session Control Layer). Diese Protokolle folgen keiner internationalen Norm und wurden von DEC auch nicht veröffentlicht. Die Anwendungsschicht wird bei DECnet Phase 4 als DECnet Network Application bezeichnet. Sie enthält – wie alle anderen Protokolle auch – zahlreiche Anwendungen. Zu den am häufigsten eingesetzten Anwendungen gehören das Data Access Protocol (DAP) und das Command Terminal Protocol (CTERM). Das DAP ermöglicht den Zugriff auf Daten in einem Remote-Rechner. CTERM wird zur interaktiven Kommunikation zwischen den Rechnern verwendet, als Beispiel sei hier das Set Host-Kommando genannt, das es einem Remote Terminal ermöglicht, sich in einen Rechner einzuloggen und einem anderen System gegenüber so aufzutreten, daß dieser Rechner den Eindruck erhält, er würde mit einem lokalen Terminal kommunizieren. Diese Funktionsweise ist mit dem Telnet der TCP/IP-Welt vergleichbar. In den vielen Jahren, in denen DECnet Phase 4 unterstützt wurde, wurden der DAP- und der CTERM-Service durch weitere Dienste ergänzt, beispielsweise durch das Mail 11 Message Handling Protocol. Videotext, Remote Console, Diskless Bootservices und Bulletin Boards vervollständigen die Anwendungspalette in DECnet Hosts.

Zwei weitere Protokolle, die in DECnet Phase 4 eingesetzt werden, sind das Local Area Transport (LAT) Protocol und das Maintenance Operations Protocol (MOP). MOP und LAT sind reine Data Link Layer-Protokolle und kommunizieren – unter Umgehung der Schichten 3 bis 5 – unmittelbar mit den Anwendungen. Das LAT-Protokoll wird zur Verbindung von Terminals und Printern via Terminalserver über das Ethernet genutzt. Mit dem Maintenance Operations Protocol werden remote Diskless Clients über das Netzwerk gebootet.

	OSI-Referenzmodell	DECnet-Protokolle Phase 4
7	Application Layer Anwendungsschicht	Network Information and Control Exchange (NICE) Command Terminal Protocol (CTERM) Mail 11 Message Handling Protocol Data Access Protocol (DAP) Network Management
6	Presentation Layer (Daten-)Darstellungsschicht	Remote File Access-Routinen
5	Session Layer Kommunikations- steuerungsschicht	DNA Session Control
4	Transport Layer Transportschicht	DECnet End Communication Layer (ECL) Network Service Protocol (NSP)
3	Network Layer Vermittlungsschicht	Routing-Modul DECnet Routing Protocol (DRP)
2	Data Link Layer Datensicherungsschicht (Logische Verbindung)	DDCMP/LAPB/ETHERNET
1	Physical Layer Bitübertragungsschicht (Physikalische Verbindung)	Line Controller für: Ethernet Punkt-zu-Punkt-Verbindungen Punkt-zu-Mehrpunkt-Verbindungen Telefon

Abbildung 5.2. OSI-Referenzmodell und DECnet-Protokolle Phase 4

DECnet Phase 5

Die DECnet Phase 5 wurde 1987 angekündigt und 1991 eingeführt. Die Phase 5 trägt auch die Bezeichnung DECnet/OSI. Wie der Name schon sagt, signalisiert DEC damit seine Zukunftsstrategie in Richtung OSI. Um den traditionellen DEC-

Die höheren Protokolle

Anwendern eine Rückwärtskompatibilität zu älteren Versionen zu gewährleisten, hat DEC alle DECnet Phase 4- und die TCP/IP-Protokolle in die Phase 5 übernommen. Langfristig soll den DEC-Anwendern ein vollständiger OSI-Protokollsatz geboten werden.

DECnet Phase 5 unterstützt nicht nur Standard-Ethernet, sondern zum ersten mal auch die IEEE 802.3-Version, FDDI, IEEE 802.4 und das HDLC-Protokoll auf Schicht 1 und 2. Zudem können erstmalig Modems (V.25 oder HAYES-kompatibel) gänzlich in ein DEC-Konzept eingebunden werden. Auf dem Data Link Layer unterstützt DEC die volle Logical Link Control (LLC) und das HDLC-Protokoll. Das DECnet/OSI-Protokoll auf dem Network Layer entspricht dem ISO-Standard 8473 (Connectionless Mode Network Service/CLNS) und dem ISO-Standard 8348 (Connection Mode Network Service/CONS). Das Endsystem-to-Intermediate System (ES-IS) Routing sowie das IS IS Routing werden vollständig unterstützt.

	OSI-Referenzmodell	DECnet-Protokolle Phase 5	
7	Application Layer Anwendungsschicht	CTERM NICE MAIL DAP Network Management	X.400 FTAM CMIP
6	Presentation Layer (Daten-)Darstellungsschicht	DNA Session Control	OSI-Präsentation (ASN.1)
5	Session Layer Kommunikations- steuerungsschicht		OSI Session (X.225)
4	Transport Layer Transportschicht	Common Transport Interface	
		Network Services Protocol (NSP)	OSI-Transport (X.224)
3	Network Layer Vermittlungsschicht	OSI CLNM ISO 8473 CLNP ISO 8348 CONS ISO 9542 ES IS Protocol ISO 10584 IS IS Protocol	OSI CONS
2	Data Link Layer Datensicherungsschicht (Logische Verbindung)	DDCMP/LAPB/ETHERNET/LLC	
1	Physical Layer Bitübertragungsschicht (Physikalische Verbindung)	Telefon Ethernet Punkt-zu-Punkt-Verbindung Punkt-zu-Multipunkt-Verbindung FDDI Token-Ring 802.5 CSMA/CD 802.3	

Abbildung 5.3. OSI-Referenzmodell und DECnet-Protokolle Phase 5

Auf der Transportschicht implementierte DEC das OSI Transport Protocol (TP) nach ISO 8073. Die TP0-, TP2- und TP4-Transportklassen und das NSP-Protokoll werden unterstützt. NSP gewährleistet die Kommunikation zwischen Phase 4- und Phase 5-Geräten. Oberhalb der Transportschicht teilt sich der Protokollsatz in zwei Bereiche. DECs eigene Protokolle werden zur Kommunikation zwischen DEC-Systemen angewendet. Die reinen OSI-Anwendungen dienen zur Kommunikation mit dem Rest der Welt. Zu den unterstützten OSI-Anwendungen gehören u.a. File Transfer Access and Management (FTAM), X.400 Electronic Messaging und das Common Management Information Protocol (CMIP).

5.4 TCP/IP-Protokolle

Die unter dem Begriff Transmission Control Protocol/Internet Protocol (TCP/IP) subsumierten Protokolle sind der Marktstandard im LAN-Bereich. Aus dem Bereich der Kommunikation zwischen Rechnern einzelner Hersteller ist dieser Standard nicht mehr wegzudenken, denn TCP/IP steht für alle wichtigen Rechnertypen zur Verfügung.

TCP/IP-Standards

Alle Aktivitäten rund um die TCP/IP-Protokollfamilie werden durch die Internet Engineering Task Force (IETF) und das ARPA Internet Advisory Board (IAB) koordiniert. Nach ausführlichen Tests auf dem ARPANET werden die neuen Protokollbausteine vom IAB als technische Neuigkeiten, als Internet Experiment Notes (IENs) oder als Request for Comments (RFCs) veröffentlicht:

RFC 826	Address Resolution Protocol (ARP)
RFC 791	Internet Protocol (IP)
RFC 792	Transmission Control Messages Protocol (ICMP)
RFC 786	User Datagram Protocol (UDP)
RFC 793	Transmission Control Protocol (TCP)
RFC 854	Virtual Terminal Protocol (TELNET)
RFC 850	File Transfer Protocol (FTP)
RFC 821	Simple Mail Transfer Protocol (SMTP)

Früher übernahm das US-Verteidigungsministerium (DoD) diese Spezifikationen (RFCs) und erarbeitete daraus für das Defence Data Network (DDN) die detaillierteren MIL-Standards.

MIL-STD 1777	IP
MIL-STD 1778	TCP
MIL-STD 1780	FTP
MIL-STD 1781	SMTP
MIL-STD 1782	TELNET

Routing light

Die höheren Protokolle

Protokolle

Die Architektur von TCP/IP beruht auf dem DoD-Architekturmodell. Dieses Kommunikationsmodell aus den siebziger Jahren definiert vier Kommunikationsschichten: Network Access Protocols, Internetwork-Protokolle, Transportprotokolle und Anwendungsprotokolle. Heute wird – mehr oder weniger erfolgreich – versucht, die TCP/IP-Protokolle in der Form des OSI-Referenzmodells darzustellen.

	OSI-Referenzmodell		TCP/IP-Protokolle
7	Application Layer Anwendungsschicht	Applikations- protokolle	TELNET FTP Rlogin SMTP Socket Lib.
6	Presentation Layer (Daten-)Darstellungsschicht		
5	Session Layer Kommunikations- steuerungsschicht		
4	Transport Layer Transportschicht	Transportprotokolle	TCP UDP
3	Network Layer Vermittlungsschicht	Internetwork- Protokolle	EGP, RIP ICMP ARP RARP
2	Data Link Layer Datensicherungsschicht (Logische Verbindung)	Network Access- Protokolle	Ethernet Token-Ring FDDI
1	Physical Layer Bitübertragungsschicht (Physikalische Verbindung)		

Abbildung 5.4. OSI-Referenzmodell und TCP/IP-Protokolle

Network Access-Protokolle

Network Access-Protokolle definieren die Schicht 1 und die Schicht 2 (die verschiedenen Übertragungsmechanismen und das Media Access Control) des OSI-Referenzmodells. Die bekanntesten Network Access-Protokolle sind das X.25 Network, die IEEE 802.x Networks (IEEE 802.3, CSMA/CD; IEEE 802.5 Token-Ring), das Ethernet, die NetBIOS Networks, die Serial Lines, die ARCnet Networks, die Hyperchannel Networks und die FDDI Networks.

Internetwork-Protokolle (Schicht 3)

Die TCP/IP-Protokolle setzen auf den Diensten der OSI-Schicht 2 auf und sind völlig unabhängig von den darunterliegenden Schichten. Auf dem Internetwork Layer arbeiten folgende Protokolle: Das Address Resolution Protocol (ARP), das Reverse Address Resolution Protocol (RARP), das Internet Protocol (IP) und das Internet Control Message Protocol (ICMP). Zusätzlich sind folgende Routing-Protokolle ebenfalls auf dem Network Layer angesiedelt: Das Exterior Gateway Protocol (EGP), das Routing Information Protocol (RIP) und das Open Shortest Path First Protocol (OSPF).

Transportprotokolle (Schicht 4)

Auf dem Transport Layer (Transportschicht) werden zur Sicherung der Kommunikation nur zwei Protokolle eingesetzt: das Transport Control Protocol (TCP) und das User Datagram Protocol (UDP).

Höhere Protokolle

Die Anwendungsprotokolle entsprechen den OSI-Schichten 5 bis 7. Von den zahlreichen Protokollen, die auf diesen Schichten angesiedelt sind, werden folgende Anwendungen am häufigsten eingesetzt: Das File Transfer Protocol (FTP), der virtuelle Terminalzugriff (TELNET), der Remote User Login (Rlogin), die elektronische Post (SNMP), die verschiedenen Name Services (Domain Name, IEN 116), das Boot Protocol (BootP), das Simple Network Management Protocol (SNMP) und das Network File System (NFS).

5.5 OSI-Protokolle

Die von der International Standardization Organization (ISO) festgelegten Open Systems Interconnection- (OSI) Protokolle gehören zu den jüngsten Protokollen der Kommunikationswelt. Seit das OSI-Referenzmodell 1983 als Standard akzeptiert wurde, beschäftigen sich mehrere Standardisierungsgremien (ISO und CCITT) mit der Umsetzung seiner Schichten. Da es sich nicht um herstellerspezifische Anwendungen und Protokolle handelt, sondern um den Versuch, einheitliche Protokolle zu schaffen, zieht sich die Veröffentlichung dieser Protokolle in die Länge. Zu den ersten (bereits 1984 verabschiedeten) Protokollen zählten die Transportprotokolle und das Session-Protokoll. Im gleichen Jahr folgte bereits die erste OSI-Anwendung (X.400), die zum Austausch von elektronischer Post (E-Mail) eingesetzt wird. Seitdem werden ständig leistungsfähigere Protokolle, Dienste und Services veröffentlicht. Einige Hersteller (beispielsweise DEC, Case, HP, Apple, Retix, The Wollongong Group, 3Com oder IBM) begannen bereits mit der Integration der OSI-Protokolle.

Schicht 1
Auf der physikalischen Schicht unterstützen die OSI-Protokolle jeden nur erdenklichen Mechanismus. Dies beginnt beim einfachen Modem und reicht bis zum 2 GBit/s schnellen Cross Connect Switch.

Schicht 2
Dem Gedanken der größtmöglichen Vielfalt auf der Schicht 1 folgend, muß auch auf der Schicht 2 eine ebenso große Anzahl an Data Link Layer-Protokollen unterstützt werden. Die bekanntesten Protokolle sind: High Level Data Link Control (HDLC) – ISO 7809, Logical Link Control (LLC) – ISO 8802-2, das CSMA/CD-Verfahren – ISO 8802-3, Token Bus – ISO 8802-4, Token-Ring – ISO 8802-5, FDDI – ISO 9314-1 bis ISO 9314-3, LAN MAC Sublayer – ISO 10038.

Schicht 3
Die Netzwerkschicht stellt die Funktionen der Wegefindung (Routing) zur Verfügung. Die Funktionen der Schicht 3 ermöglichen den Aufbau von logisch strukturierten, hierarchischen Netzwerken.

Die Netzwerkschicht ist bei den OSI-Protokollen in zwei Bereiche unterteilt. Es werden die Connectionless Services (ISO 8473) und die Connection Mode Services (ISO 8348) unterstützt. Daneben sind weitere Spezifikationen zu finden, die das paketvermittelnde X.25-Protokoll unterstützen (ISO 8878 und ISO 8208). Die OSI-Routing-Protokolle, das Endsystem-to-Intermediate-System (ES IS) – ISO 9542 und das Intermediate-System-to-Intermediate System (IS IS) – ISO 10584 sind ebenfalls auf dieser Schicht angesiedelt.

Schicht 4
Die Transportschicht sorgt für eine transparente Verbindung zwischen Endsystemen. Schicht 4 unterstützt ebenso wie Schicht 3 sowohl verbindungsorientierte (ISO 8073) als auch verbindungslose (ISO 8602) Dienste. Die Protokolle der Schicht 4 bieten verschiedene Dienstklassen und Dienstgüten.

Die Transportprotokolle sind einzuteilen in:

Transport Class 0 (TP0) – Simple Class
Die Class 0 bietet die einfachste Art einer Transportverbindung. Diese Klasse setzt einen zuverlässigen Network Service auf der Schicht 3 voraus. Um die TP0 einsetzen zu können, muß der Connection Mode Network Service (CONS) implementiert sein. Die bekannteste Anwendung der TP0 ist der Telexdienst.

Transport Class 1 (TP1) – Basic Error Recovery Class
Die Class 1 wurde von der CCITT für das X.25-Protokoll entwickelt. Die TP1 setzt ebenfalls die Implementierung des Connection Mode Network Service (CONS) voraus.

Transport Class 2 (TP2) – Multiplexing Class
Die Class 2 baut auf der Class 0 auf, bietet jedoch Multiplexmechanismen und eine Flußsteuerung über die Verbindung. Die TP2 setzt ebenfalls die Implementierung des Connection Mode Network Service (CONS) voraus.

Transport Class 3 (TP3) – Error Recovery and Multiplexing Class
Die Class 3 bietet eine Kombination aus den Klassen 1 und 2. Auch bei der TP3 ist die Implementierung des Connection Mode Network Service (CONS) Voraussetzung.

Transport Class 4 (TP4) – Error Detection and Recovery Class
Die Class 4 ist die einzige Transportklasse, die auf dem Connectionless Mode Network Service (CLNM) aufbaut. Sie bietet alle Dienste, die eine sichere Ende-zu-Ende-Kontrolle über ein Datennetz garantieren. Die Transport Class 4 wird hauptsächlich in LANs eingesetzt.

Schicht 5
Die Schicht 5, als Session Layer bezeichnet, umfaßt Session-Protokolle für verbindungslose Dienste (ISO 8326) und die verbindungsorientierten Dienste (ISO 8327). Sie dient der Prozeßkommunikation und der Umsetzung und Darstellung von Informationen, die zwischen zwei Systemen ausgetauscht werden.

Schicht 6
Die Dienste der Schicht 6, ((Daten)-Darstellungsschicht oder Presentation Layer), sind im ISO-Standard 8822 definiert. Die Schicht 6 codiert beziehungsweise decodiert die Daten für das jeweilige System. Das Presentation Layer Protocol ist im ISO-Standard 8823 festgeschrieben. Die Codierungs- beziehungsweise Decodierungssprache ist die Abstract Syntax Notation 1 (ASN.1). Die Standards für ASN.1 sind in ISO 8824 und 8825 festgelegt.

Schicht 7
Auf Schicht 7 (Application Layer) werden die anwendungsspezifischen Protokolle bereitgestellt. Hierzu zählen so unterschiedliche Anwendungen wie das File Transfer Access and Management Protocol (FTAM – ISO 8571), die elektronische Post (X.400, MHS – ISO 10021), der Name Service und der Directory Service

(X.500 – ISO 9594, das virtuelle Terminal (VTS – ISO 9040, 9041), das Common Management Information Protocol (CMIP – ISO 9596) und der Common Management Information Service (CMIS – ISO 9595).

X.400

Der X.400-Standard beschreibt einen kompletten Protokollsatz und die darin enthaltenen Dienste, die dem Austausch von elektronischen Nachrichten dienen. Es ist ein Modell zur Übermittlung von elektronischen Nachrichten (Electronic Messaging) festgelegt, das als Message Handling System (MHS) bezeichnet wird.

Allgemein kann man MHS als einen Mechanismus zum Transport elektronischer Nachrichten bezeichnen. Kern des MHS ist das Message Transfer System (MTS). MTS wird zur Übermittlung der verschiedenen Nachrichten im MHS-System verwendet. Das MTS besteht im wesentlichen aus mehreren Message Transfer Agents (MTAs), die die Nachrichten routen, speichern und transportieren. Zwei weitere wesentliche Bestandteile des MHS sind die User Agents (UAs) und der optionale Message Store (MS). Jede Nachricht, die durch das MTS transportiert wird, besteht aus einem Dokumenteninhalt (Nachrichtenteil) und einem Umschlag (Message Envelope) um diese Nachricht. Der User Agent baut den Inhalt und die Form auf (Message-Format und -Inhalt), verpackt die Nachricht in einen Umschlag und versendet diesen. Der Empfänger nimmt die Nachricht aus dem Umschlag und interpretiert ihren Inhalt angemessen. Der Message Store ist eine Art Zwischenspeicher für Nachrichten, die vom MTA angeliefert wurden, aber noch nicht vom Empfänger-UA angenommen werden konnten.

Die X.400-Spezifikation wurde 1984 veröffentlicht und 1988 stark erweitert. Im Standard von 1988 wurde die Funktion des Message Stores zugefügt, einige Protokolle wurden detaillierter definiert und Sicherheitsfunktionen sowie eine Schnittstelle zu den X.500 Directory Services kamen hinzu.

File Transfer, Access and Management Protocol (FTAM)

Das FTAM-Protokoll ermöglicht die Übertragung von Dateien auf andere Rechner. Darüber hinaus erlaubt es den Zugriff auf Inhalte und Attribute von Dateien. Bestandteil des FTAM ist der Virtual File Store (VF). Das VF sorgt für eine einheitliche Darstellung unterschiedlicher Dateisysteme. Aufgabe von FTAM ist es, dieses virtuelle in ein reales Dateisystem umzusetzen.

Directory Services (X.500)

Die Directory Services (X.500) übernehmen bei den OSI-Protokollen die einheitliche Darstellung von Namen, Adressen und Objekten. Bestandteil des X.500-Dienstes ist die Directory Information Base, in der die einzelnen Einträge unter einer einheitlichen Beschreibung abgelegt werden. Die Directory Information Base ist – von der Root (/) ausgehend – baumförmig aufgebaut und kann daher auch auf weltweit verteilten Systemen realisiert werden. Auf Anforderung werden diese Informationen dem anfragenden Rechner wieder zur Verfügung gestellt.

	OSI-Referenzmodell	OSI-Protokolle
7	Application Layer Anwendungsschicht	X.400 (ISO 10021) FTAM (ISO 8571) CMIP (ISO 9596) CMIS (ISO 9595) X.500 (ISO 9594) VTS (ISO 9040, 9041)
6	Presentation Layer (Daten-)Darstellungsschicht	OSI-Präsentation (ISO 8822/8823) Abstract Syntax Notation One (ASN.1) (ISO 8824/8825)
5	Session Layer Kommunikations- steuerungsschicht	OSI Session ISO 8326 CLNP ISO 8327 CONS
4	Transport Layer Transportschicht	OSI-Transport ISO 8473 CLNP ISO 8602 CONS
3	Network Layer Vermittlungsschicht	OSI CLNM OSI CONS ISO 8437 CLNP ISO 8348 CONS ISO 8878 und ISO 8208 - X.25 ISO 9542 ES IS-Protokoll ISO 10584 IS IS-Protokoll
2	Data Link Layer Datensicherungsschicht (Logische Verbindung)	LAPB / LLC CSMA/CD 802.3 Token Bus FDDI Token-Ring 802.5
1	Physical Layer Bitübertragungsschicht (Physikalische Verbindung)	Telefon CSMA/CD 802.3 Punkt-zu-Punkt Punkt-zu-Mehrpunkt FDDI Token Ring 802.5 ISDN

Abbildung 5.5. OSI-Referenzmodell – OSI-Protokolle

Virtual Terminal Service (VTS)

Das Remote Login über ein Netzwerk, also die Möglichkeit, von einer Stelle aus auf mehreren Rechnern zu arbeiten, gehört seit den Anfängen der Netzwerktechnik zu den wichtigsten Grundanforderungen. Bei den OSI-Protokollen unterstützt der Virtual Terminal Service (VTS) diese Funktionen. Der Telnet-Service definiert die Regeln zur Kommunikation zwischen Terminal und Rechner und simuliert eine fiktive Aus- beziehungsweise Eingabeeinheit. Über den Virtual Terminal Service wird das jeweilige Terminal unabhängig von der jeweiligen Rechnerumgebung.

Common Management Information Protocol/ Common Management Information Service (CMIP/CMIS)

Auf den OSI-Managementdiensten CMIS und CMIP basieren alle Managementfunktionen der OSI-Protokolle. Sie ermöglichen den für das Netzwerkmanagement notwendigen Informations- und Kommandoaustausch zwischen zwei gleichberechtigten Anwendungen auf einer Ebene. CMIP definiert dabei die Protokollmechanismen, während CMIS die Dienstprimitive und die Informationsstruktur festlegt.

6 Management in gerouteten Systemen

Aus Kostengründen wurden in den letzten Jahren zentrale EDV-Dienste durch dezentrale Client/Server-Lösungen mit verteilten Anwendungen ersetzt. Eng abgegrenzte und funktional eindimensionale Anwendungen wurden von offenen, integrations- und netzwerkfähigen Anwendungen abgelöst. Dies erforderte die Integration von Standards und offenen, herstellerübergreifenden Schnittstellen und Protokollen in die unteren Netzwerkschichten. Die daraus resultierende Flexibilität verlangt von selbstorganisierten Unternehmenseinheiten – aber auch von Händlern, die diese Netzwerke installieren und betreuen – ein hohes Maß an Kompetenz und Verantwortung.

Die neuen Kommunikationsstrukturen machen die Implementation umfassender Sicherheitsfunktionen notwendig. Die Systeme müssen auch einfach zu verwalten sein. Damit ein Netzwerk schnell veränderten Anforderungen angepaßt werden kann, sind Managementfunktionen nötig, die eine frühzeitige Simulation der entsprechenden Parameter und des angestrebten Ziels ermöglichen. Durch ein umfassendes Managementsystem können Netzwerkbetreiber und Händler rechtzeitig die richtigen Maßnahmen ergreifen, um möglicherweise auftretende Probleme zu minimieren und die Kosten für deren Behebung gering zu halten.

In Managementsysteme integrierte Werkzeuge sammeln gezielt Informationen und kontrollieren die Netzwerkkomponenten. Diese Tools definiert die International Standardization Organization (ISO) in Form von Objekten und Attributen.

Das OSI-Referenzmodell definiert für das Netzwerkmanagement fünf unabhängige Funktionsbereiche:

- Konfigurationsmanagement
- Performance-Management
- Fehlermanagement
- Accounting-Management
- Security-Management

Die theoretischen Managementdefinitionen können am Beispiel eines Verkehrsleitsystems verdeutlicht werden.

Konfigurationsmanagement
Über eine Netzwerkmanagementstation müssen die Konfigurationen der am Netzwerk angeschlossenen Geräte überwacht und die Daten in einer System-

datenbank abgelegt werden können. Dadurch kann der Netzwerkmanager alle Geräte kontrollieren und Veränderungen im Netzwerk registrieren. Dies entspricht einem Straßenplan, der permanent aktualisiert wird und auch temporäre Zustände wie Baustellen berücksichtigt.

Performance und Fehlermanagement

Ein Datennetzwerk verfügt wie ein Straßenverkehrsnetz über gut ausgebaute Hauptstrecken. Aber auch hier gibt es potentielle Engpässe, die mit Brücken verglichen werden können, über die der gesamte Autoverkehr zwischen zwei Stadtteilen läuft. In den Hauptverkehrszeiten lastet der Verkehr diese Brücken vollständig aus, und selbst in verkehrsarmen Zeiten können auch geringe Störungen zu Behinderungen führen. In einem Datennetz (LAN und WAN) verhalten sich die Datenverkehrsströme ähnlich. Werden zu viele Daten übertragen, kann es zu langen Wartezeiten kommen und Daten werden eventuell erneut versendet. Die Strecke wird dadurch mehr belastet, so daß es zu einem Totalausfall oder zumindest zu einer Verringerung des Datendurchsatzes im Netzwerk führen kann. Im Störungsfall (defekter Repeater oder ein schlechtes Kabel/Stecker) können ganze Netzwerkzweige nicht mehr benutzt werden. Das Netzwerkmanagement muß – ähnlich einem Verkehrsleitsystem – durch gezielte Messungen alle notwendigen Informationen besorgen, um einen Zusammenbruch des Systems (auch in Teilbereichen) zu verhindern.

Das Performance-Managements ermöglicht es, die aktuellen Leistungs- und Fehlerraten in den einzelnen Netzwerkbereichen zu sammeln. Die Daten können als Statistiken aufbereitet werden. Durch die enge Verzahnung des Performance-Managements mit dem Fehlermanagement können für alle Parameter bestimmte Schwellenwerte definiert werden. Wird ein festgelegter Wert über- oder unterschritten, erfolgt automatisch eine Fehlermeldung. Möglicherweise auftretende Engpässe und große Belastungen können so rechtzeitig erkannt und Gegenmaßnahmen getroffen werden. Der Totalausfall des Netzwerks wird damit verhindert.

Drei Funktionen des Performance-Management sollten regelmäßig genutzt werden:

- Datensammlung und -auswertung (Aufbereitung) in Statistiken
- Monitoring zur Analyse bestimmter Kommunikationsvorgänge
- Simulation bestimmter Ereignisse

Die automatische Analyse des gesamten Datenverkehrs (Datendurchsatz und Fehlerrate) zählt zu den Aufgaben des Fehlermanagements. Die erfaßten Werte werden in die Systemdatenbank geschrieben. Treten Fehler im Netzwerk oder auf den überwachten Komponenten auf, müssen Alarmmeldungen auf der Netzwerkmanagement-Station erzeugt werden. Alarmmeldungen oder Fehler können beispielsweise über eine Farbcodierung angezeigt werden. Alarmmeldungen und die zugehörigen Daten sollten in einer integrierten Datenbank abgelegt werden können, über die nutzerspezifische Berichte zu erstellen sind, die die Fehlerbehandlung vereinfachen. Beim Auftreten bestimmter Fehler generiert der Netzwerkmanager Reports, die Hinweise auf Fehlerursachen enthalten und Verfahren zur Fehlerbehebung definieren.

Accounting-Management

Das Accounting-Management stellt dem Netzwerkbetreiber Werkzeuge zur Verfügung, mit denen benutzerbezogene Daten zu erfassen sind und die eine Tarifierung der Netzwerknutzung ermöglichen. Vergleichbar ist dies mit einer nutzungsbezogenen Autobahngebühr. Bislang existiert noch kein ideales System, das diese Funktion in den offenen Netzwerken detailliert ermöglicht. Die Einführung einer konstanten Anschlußgebühr und die Umlegung der Betriebskosten auf alle Netzwerkteilnehmer ist zur Zeit eine Möglichkeit, ein Accounting durchzuführen. Dieses Konzept ist mit der Vignettenlösung vergleichbar, über die Autobahngebühren entrichtet werden. Da für eine DOS-Station (Single User) die gleichen monatlichen/jährlichen Kosten berechnet werden wie für ein Multiuser-System ist dieses Accounting-Modell nicht optimal. Besser eignet sich ein adressenbezogenes Accounting mit einem Abrechnungsmodus auf Basis der Hardware- (Layer 2) beziehungsweise der Netzwerkadressen (Layer 3). In das Managementsystem muß hierfür auf Schicht 2 beziehungsweise Schicht 3 ein angemessenes Verfahren integriert werden.

Security-Management

Sicherheitsfunktionen sollen den Zugang zum Datennetz und den Zugriff auf Ressourcen und Dienste festlegen. Dazu bedarf es gewisser Überwachungsmechanismen und Regeln. Hierzu zählen unter anderem die Vergabe von Paßwörtern oder Zugangsberechtigungen. Dies kann mit der Straßenverkehrsordnung verglichen werden, die festlegt, daß zu bestimmten Zeiten oder an bestimmten Orten nur Fahrzeuge oder Fahrer unterwegs sein dürfen, die hierfür eine Genehmigung haben (Anwohnerparken, ausschließliche Fahrerlaubnis für Kat-Fahrzeuge bei Smoggefahr, Militärgelände). Ein integriertes Security-Management ermöglicht es dem Netzwerkbetreiber, seine Netzwerkressourcen wie folgt zu schützen:

- Zugriffsschutz auf Rechner und andere Endgeräte auf Benutzerebene
- Benachrichtigung des Netzwerkmanagementsystems beim Versuch, unberechtigt auf geschützte Ressourcen zuzugreifen

Da diese Funktionen auf allen Ressourcen im Netzwerk integriert werden müssen, sollten folgende Funktionen implementiert werden:

- Mechanismus zur eindeutigen Identifizierung sicherheitsrelevanter Netzwerkressourcen
- definierte Zugriffspunkte auf geschützte Ressourcen
- Sicherheitsmechanismen für diese Funktionen
- Managementprotokoll, das die Verwaltung der zu schützenden Netzwerkressourcen ermöglicht

Zahlreiche Sicherheitsmechanismen stehen bereits zur Verfügung. In der Praxis werden die Möglichkeiten, die die Security-Managementfunktionen bieten, noch nicht im vollem Umfang genutzt. Zwar haben Unternehmen Sicherheitskonzepte erstellt, aber oft nur Teilbereiche realisiert. Dies liegt weniger daran, daß den Netzwerkbetreibern nicht die erforderlichen Werkzeuge zur Verfügung stehen. Die zögerliche Integration und Nutzung von Security-Managementfunktionen sind eher darauf zurückzuführen, daß sich viele Unternehmen nicht bewußt sind, wie wichtig das Thema Sicherheit für einen reibungslosen Netzwerkbetrieb ist.

Tools zum Management der Router-Konfiguration

Die Installation eines Netzwerks mit Routern und deren Konfiguration gehört zu den komplexen und zeitaufwendigen Aufgaben eines Netzwerkadministrators. Es ist naheliegend, daß Installation, Konfiguration und Modifikation von Routern mit Hilfe von Management-Tools erheblich erleichtert werden sollten und daß in diesen Bereichen an Verbesserungen gearbeitet wird. Die modernen Managementsysteme bieten dem Benutzer integrierte grafische Point-and-Click-Konfigurations-Tools, die eine Eingabe der kryptischen Befehle zur Router-Konfiguration überflüssig machen. Bei den Management-Tools für ein Router-Netzwerk sollte darauf geachtet werden, daß diese Anwendungen auf den verfügbaren SNMP-basierenden unternehmensweiten Netzwerkmanagement-Plattformen (SunNet Manager, OpenView und NetView) einsetzbar und mit Managementanwendungen anderer Hersteller interoperabel sind. Als integraler Bestandteil einer marktgängigen Netzwerkmanagement-Plattform vereinfacht solch ein Management-Tool durch die Bereitstellung der grafischen Point-and-Click-Schnittstelle nicht nur Installation, Konfiguration und Modifikation von Routern, sondern auch deren Kontrolle im Netzwerk.

Die verfügbaren Management-Tools für Router lassen sich leicht bedienen, denn sie bieten eine auf der Windows-Technik basierende Benutzerschnittstelle. Alle Funktionen lassen sich durch Mausklick ausführen. Die voneinander unabhängigen Fenster zur Konfiguration, zur Darstellung von Ereignissen, zum Management des Dateisystems, zur statistischen Darstellung und zur Knotenverwaltung für jeden Router erlauben die gleichzeitige Bearbeitung unterschiedlicher Router-Probleme. So können beispielsweise die Konfiguration eines Routers, das Routing-Verzeichnis eines zweiten Routers und die Verkehrsstatistik eines dritten Routers gleichzeitig abgebildet werden. Alternativ ist es möglich, verschiedene Routing-Verzeichnisse eines einzelnen Routers darzustellen. Die Fähigkeit, verschiedene Netzwerkknoten gleichzeitig zu überwachen und zu steuern, optimiert die Verfügbarkeit des Netzwerks. So lassen sich zum Beispiel die Auswirkungen der an einem Router vorgenommenen Konfigurationsänderungen auf andere Router im Netzwerk zeitgleich mit der Implementierung der Änderung darstellen – und alle Router mit einer Referenzkonfiguration verifizieren.

Router-Konfiguration
Eine schnelle und effiziente Konfiguration wird durch moderne Managementanwendungen wie Graphical Configuration Manager, Autoconfiguration, Detailed Configuration Editor, Configuration Mode, Configuration Archiving, Configuration Audit Trails und Easy-Configuration erreicht.

Graphical Configuration Manager
Der Konfigurationsmanager kann die Konfiguration eines Routers automatisch erkennen und grafisch darstellen. Eine aktuelle Datenverbindung läßt sich durch einfaches Anklicken eines Router-Ports konfigurieren. Pop-up-Fenster unterstützen jeden Schritt des Konfigurationsvorganges. Die Autokonfigurationsfähigkeit moderner Managementsysteme erlaubt die Herstellung von Netzwerkverbindungen mit Default-Werten innerhalb von Sekunden.

Detailed Configuration Editor
Durch die wahlweise Nutzung detaillierter Konfigurationsfenster lassen sich die bei der Autokonfiguration zugeteilten Parameter modifizieren. Bereits die Eingabe eines Kommandos kann auf ihre Gültigkeit überprüft werden, um die Konfiguration vor Fehlern zu schützen.

Configuration Mode
Management-Tools verfügen über drei Konfigurationsmethoden: die lokale, die Fern- und die dynamische Konfiguration. Jede dieser drei Konfigurationsmethoden kann im laufenden Betrieb eingesetzt werden. Die lokale Konfiguration wird immer dann genutzt, wenn lokal auf der Managementstation abgelegte Konfigurationsdateien zu erstellen oder zu modifizieren sind. Mit Hilfe der lokalen Konfigurationsmethode lassen sich Konfigurationsdateien via Trivial File Transfer Protocol (TFTP) in das Flash Memory eines Routers herunterladen. Die Fernkon-

figuration nutzt ebenfalls das TFTP zur Übermittlung der Konfigurationsdatei des Routers an die zentrale Managementstation. Nach der Modifikation wird die Datei wieder auf das Flash Memory des Routers zurückgespeichert.

Diese Methode wird immer dann benutzt, wenn geringfügige Änderungen an bestehenden Konfigurationen vorgenommen werden müssen, bei denen keine Echtzeit-Implementierung erforderlich ist. Im Gegensatz dazu wird bei der dynamischen Konfiguration die im DRAM abgelegte aktive Konfiguration eines Routers in Echtzeit modifiziert. Die dynamische Konfigurationsmethode wird häufig zum Fein-Tuning einer Konfiguration verwendet, so wirkt sich die Modifikation sofort aus.

Configuration Archiving
Einmal erstellte Konfigurationsdateien lassen sichüber das Netzwerk auf neue oder bereits bekannte Router übermitteln. Dadurch werden Installation, Modifikation und Verifikation der Router erheblich erleichtert.

Configuration Audit Trail
Zur Erkennung von Veränderungen an Router-Konfigurationen verfügen moderne Management-Tools über eine Audit Trail-Funktion, mit der sich alle Veränderungen dokumentieren lassen. Dies erleichtert die Fehlersuche.

Easy Configure
Die Easy Configure-Funktion ermöglicht die Kopie von Konfigurationsdateien. Beispielsweise läßt sich bei der Konfiguration mehrerer identischer Remote-Office-Router viel Zeit einsparen. Die einmal erstellte Konfigurationsdatei wird kopiert und anschließend für den jeweiligen Router modifiziert.

Online Help
Hierbei handelt es sich um detaillierte Hilfetexte. Diese lassen sich durch einen Mausklick aufrufen; sie beschreiben die Parameter und Einstellungen der Konfiguration und zeigen die gültigen Wertebereiche einzelner Parameter an.

Echzeit-Überwachung der Router
Mit Hilfe von Filtermöglichkeiten für bestimmte Ereignisse verfügen moderne Management-Tools über ein breites Spektrum an Funktionen zur Überwachung von Routern. Der Event Manager stellt jede einzelne Nachricht, wie Empfangszeit, Quelle (Router- und Software-Komponente), Identifikationscode, Wichtigkeitsgrad (Fehler, Warnung, Information, Korrektur) als Text dar. Zur schnellen Fehlersuche kann die Darstellung des Ereignismanagers in Abhängigkeit von verschiedenen Filtern (u.a. Slot, Wichtigkeitsgrad, Protokoll) erfolgen.

Real Time Trap Monitoring

Durch das Trap Monitoring werden dem Netzwerkmanager alle Netzwerkprobleme in einem separaten Fenster präsentiert. Damit wird das Troubleshooting im Netzwerk vereinfacht. Über das Trap Monitoring können die einzelnen Ereignisse individuell nach Protokolltyp, Wichtigkeit oder Netzwerkadresse ausgewählt und den individuellen Anforderungen des Anwenders angepaßt werden.

Statistics Thresholds

Hier wird die Definition von statistischen Schwellenwerten für bestimmte SNMP-MIB-Objekte (Counter, Gauge, Integer Octet String und Time Tick) ermöglicht. Die Schwellenwerte für die einzelnen MIB-Counter können in absoluten Werten („Protokolliere eine Warnung, wenn vierzig Kollisionen erfolgen") oder entsprechend der Anzahl pro Zeiteinheit („Protokolliere eine Warnung, wenn mehr als zwanzig Kollisionen in der Sekunde auftreten") gesetzt werden. Die meisten Management-Tools erlauben die Konfiguration von bis zu drei Schwellenwerten für jeden Wert.

7 Router oder Switches?

Netzwerke haben sich zu komplexen und heterogenen Hochgeschwindigkeits-Systemen entwickelt. Dies ist unter anderem dadurch bedingt, daß Unternehmen dazu übergehen, lokale Workgroups und Intranets aufzubauen oder ihre Netzwerke an das Internet anzubinden. Zwangsläufig erhöht sich damit die Komplexität eines Netzwerks. Neue Anforderungen an Aufbau und Funktionalität der eingesetzten Komponenten sind die Folge. Da Router-Technologien als veraltete Konzepte gelten, gehen zunehmend mehr Unternehmen dazu über, hochleistungsfähige Switches in ihr Netzwerk zu integrieren. Denn der Aufbau und die Arbeitsweise von Routern ist während der vergangenen Jahre im wesentlichen gleich geblieben. Nach wie vor erfolgt bei den Geräten die Datenvermittlung über einen verbindungslosen Pfad und das Hop-by-Hop-Routing anhand der Netzadressen. Switches hingegen verarbeiten die Datenpakete auf der Schicht 2 des OSI-Referenzmodells, leiten den Forwarding-Prozeß anhand der MAC-Adresse ein und sind nicht protokollabhängig. Außerdem werden sie als die zur Zeit leistungsfähigsten Komponenten deklariert – insbesondere von den Netzwerkherstellern, die über keine eigene Router-Technik verfügen. Diese propagieren, daß Router inzwischen am Ende des Technologiezyklus angelangt sind und Switches nicht nur einen vollwertigen Ersatz darstellen, sondern viele Funktionen bieten, die weit über die hinausgehen, die von Routern bereitgestellt werden.

Router-Technologien gelten jedoch nur als unzeitgemäß, denn die Komponenten wurden stets weiterentwickelt. Um den Erfordernissen der Netzwerkbetreiber zu begegnen, überdachten die Hersteller ihre bestehenden Router-Konzepte und paßten sie den geänderten Bedingungen an. Beispielsweise integrierten sie neue Technologien in ihre Router-Produkte, um Übertragungsverfahren wie FDDI, Fast Ethernet oder ATM unterstützen zu können. Außerdem erhöhten sie bei der neuen Gerätegeneration die Performance und die Übertragungsgeschwindigkeit um ein Vielfaches. Dies gewährleistet Unternehmen, die Router einsetzen, auch in Zukunft die Möglichkeit, ihr Netwerk an sich ändernde Gegebenheiten anzupassen.

Also besteht die Lösung eigentlich nicht darin, Router durch Switches zu ersetzen. Denn bei der Anbindung von WAN-Diensten an lokale Netzwerke führt nach wie vor kein Weg am Einsatz von Routern vorbei. Weiterhin besteht jedoch die Frage, ob ein Weitverkehrsnetz lediglich auf Routern basieren sollte oder ob ein kombinierter Einsatz von Routern und Switches effizienter ist. Grundsätzlich muß überprüft werden, ob Router-Technologien in vermaschten WANs sämtliche Performance-Anforderungen erfüllen können oder ob hierfür zusätzliche Switching-Funktionalitäten erforderlich sind.

Bis vor kurzem tendierten Netzbetreiber dazu, diese Fragestellung durch die Installation hybrider Router/Switches zu lösen. Inzwischen steht es nicht mehr zur Debatte, Netzwerke lediglich auf Switch-Komponenten aufzubauen: Der Einsatz von Routern wird wieder bevorzugt. Die Integration neuer Technologien in diese Komponenten steigert ihre Leistungsfähigkeit, gleichzeitig sind sie zu niedrigeren Preisen als WAN-Switches erhältlich. Die Betreiber von WAN-Netzwerken werden jedoch deshalb trotzdem nicht den Einsatz von Switch-basierenden Diensten (beispielsweise Frame Relay, SMDS oder ATM) einstellen. Es zeichnet sich ab, daß Service Provider ihre Netzwerke aus einer Kombination von Switches und Routern aufbauen werden. Und dies nicht nur, weil die modernen Router-basierenden WAN-Komponenten zu günstigeren Preisen angeboten werden, sondern auch, weil sie eine höhere Performance bieten und – für Service Provider besonders wichtig – mit wesentlich mehr Redundanzfunktionen ausgerüstet sind als hybride Switch/Router-Lösungen.

Auch in lokalen Netzwerken präferieren die Netzwerkbetreiber wieder den Einsatz von Routern. Einerseits wurden die hohen Kosten pro Port deutlich reduziert, andererseits verfügen die Komponenten inzwischen über integrierte Switching-Funktionen. Zudem wurden Standards (RMON/RMON2) implementiert, die es ermöglichen, die Router über die Managementkonsole bis auf die Paketebene zu verwalten und zu analysieren. Nicht zuletzt entspricht die Anzahl der Interface-Ports den heutigen Anforderungen. Router können inzwischen mit bis zu zweihundertfünfzig Interfaces bestückt werden. Diese höhere Port-Dichte reduziert den Preis pro Port, denn die Kosten des Chassis und der zentralen Router-Komponenten können auf die Anzahl der verfügbaren Ports umgelegt werden. Router haben gegenüber Switches den Vorteil, daß WAN- und LAN-Interfaces in beliebiger Bestückung kombiniert werden können. Durch die Implementierung neuer ASIC-Technologien wird die Router-Performance von heute zwei GBit/s (eine Million Pakete pro Sekunde) in den nächsten Jahren auf voraussichtlich sechzig bis achtzig GBit/s erhöht.

Dadurch ist es möglich, die Routing-Funktionen so Endgeräte-nah wie möglich zur Verfügung zu stellen. In diese intelligenten Backbone-Systeme wird ein effizientes Layer-3-Switching integriert. Der Datenverkehr innerhalb eines Subnetzes muß nicht mehr über den Router übermittelt werden, sondern der Layer 3-Switch übernimmt die direkte Kommunikation der Subnetz-Komponenten. Diese Netzwerkarchitektur verlagert ein Maximum an Intelligenz in die Komponenten der Netzwerkperipherie. So sind auch bei einem kontinuierlichen Ausbau des Netzwerks keine Leistungsengpässe zu befürchten. Durch die Integration von Layer-3-Funktionen in die Switches auf den Gebäudeetagen werden diese Komponenten zu Intranet-Switches. Sie ermöglichen ein Switching auf den Schichten 2 und 3. Über den gesamten Backbone dient der Einsatz moderner Router dazu, Wegeinformationen auszutauschen. Dadurch ist eine Priorisierung der Daten (mit Hilfe von Filtern) oder die Nutzung des Resource Reservation Protocols (RSVP) möglich und die Forderung nach „Quality-of-Service"-Funktionen wird erfüllt.

Think BIG. Start SMALL.

BayStack™ Es gibt nur eine Möglichkeit, von vorneherein alles richtig zu machen: BayStack. Mit Routing- und Switching-Funktionen, 10 Base-T Hubs, 100 Base-T Hubs und mit Optivity®, dem weltweit meistgenutzten Netzwerk-Management-System. Alles in einem einzigen stapelbaren System! Mit Bay Networks-Produkten können Sie exakt die Komponenten kombinieren, die Ihr Netzwerk benötigt. Die BayStack-Produkte basieren auf derselben Technik, mit der wir weltweit die größten Netzwerke aufgebaut haben (18 Millionen installierte Ports). BayStack gibt Ihrem Netzwerk höchste Betriebssicherheit, Dial Back-Up-Funktionen, ausfallsichere Stromversorgung und redundante Verbindungen. Schnell, skalierbar, preisgünstig und leicht zu verwalten – BayStack ist schlichtweg die optimale Lösung für alle Netzwerkkonfigurationen! Rufen Sie uns oder einen unseren Partner an. Fordern Sie Ihre BayStack Informationsbroschüre an – und planen Sie systematisch die Zukunft Ihres Netzwerks!

10 Base-T Hub.
Bis zu 10 Segmente and 260 Ports in jedem verwalteten Stack.

100 Base-T Hub.
Mehr Durchsatz zu Server und Hochleistungsworkstations.

Ethernet Workgroup Switch.
Erhöhter Durchsatz für existierende 10 Base-T LANs.

Access Node Router.
Volle Protokollunterstützung und hohe Verfügbarkeit für Aussenstellen.

Bay Networks
How do you want to grow?

Bay Networks Deutschland GmbH - Hagenauer Straße 44,
65203 Wiesbaden - Tel.: 0611 9243 0 Fax: 0611 9243 101